机械专业"十三五"规划教材

机械工程材料与热处理

贾泽春 徐向棋 姚建峰 主编
徐 明 主审

兵器工业出版社

内容简介

本书主要内容包括：金属材料的力学性能、钢的热处理、工业用钢、铸钢、铸铁、有色金属与粉末冶金材料；另外包含三章阅读材料：金属的结构与结晶、铁碳合金、金属的塑性变形与再结晶等。

本书可作为应用型本科、职业院校机械专业及相近专业的教材用书，也可作为读者自学参考用书。

图书在版编目（ＣＩＰ）数据

机械工程材料与热处理 / 贾泽春，徐向棋，姚建峰主编. -- 北京：兵器工业出版社，2016.1
ISBN 978-7-5181-0183-2

Ⅰ. ①机… Ⅱ. ①贾… ②徐… ③姚… Ⅲ. ①机械制造材料②热处理 Ⅳ. ①TH14②TG15

中国版本图书馆 CIP 数据核字（2015）第 300326 号

出版发行：兵器工业出版社	责任编辑：陈红梅 杨俊晓
发行电话：010-68962596，68962591	封面设计：赵俊红
邮　　编：100089	责任校对：郭　芳
社　　址：北京市海淀区车道沟 10 号	责任印制：王京华
经　　销：各地新华书店	开　本：787×1092　1/16
印　　刷：冯兰庄兴源印刷厂	印　张：13.5
版　　次：2024 年 2 月第 1 版第 2 次印刷	字　数：321 千字
印　　数：3001 - 6000	定　价：48.00 元

（版权所有　翻印必究　印装有误　负责调换）

前 言

为了更好地适应全国院校教育改革、推进素质教育的需要，全面提升教学质量以更加符合技能人才培养的需要，本书的编写融入了先进的教学理念和教学方法，注重加强应用实践教学内涵，体现了职教的职业性、实践性、发展性的特点。本书在理论体系、组织结构、内容描述等方面做了大胆创新，教学目的明确、重点突出。

➢ **本书特点**

本书依据当前学生的实际情况，本着专业知识为生产实践服务的原则，认真分析斟酌每一章节内容，确定生产实用的专业基础知识为教学重点，简化剔除那些不实用的深奥理论内容。具体说，本书有以下几个特点：

（1）本书教学与生产实际紧密结合，强调学生的职业能力与素质教育内涵，收录企业产品案例编写在有关章节，让学生"听得懂""学得会"。

（2）本书的每一章节内容划分为学习目标、基本知识和应用实例，同时还有思维训练、探究分析、能力拓展等内容。

（3）本书把主要精力放在加强学生的思维能力、动手能力、语言和文字表达能力、自学能力的培养训练上，而对于机械设计手册表明的不常用的钢种材料及图表等有关专业内容不再重复写到书中。

（4）本书选编了生产常用的金属材料作为学习内容，把编写的重点放在了常用的基础知识和生产实践的实用性方面。而将理论性较强的内容（第八章金属的晶体结构与结晶、第九章铁碳合金相图、第十章金属的塑性变形与再结晶）作为阅读资料以便查询参考。

➢ **本书结构和课时安排**

本书的主要内容及课时计划：第一章金属材料的力学性能（6学时）、第二章钢的热处理（12学时）、第三章工业用钢（12学时）、第四章铸钢（4学时）、第五章铸铁（6学时）、第六章有色金属（4学时）与第七章粉末冶金材料（2学时）等共7章，一学期讲完（理论与实习对倒），共46学时（不包括学生自学的阅读资料：第八章金属的晶体结构与结晶、第九章铁碳合金、第十章金属的塑性变形与再结晶）。

本书的相关资料和售后服务可扫封底微信二维码或登录www.bjzzwh.com下载获得。

➢ **本书创作者**

本书由秦皇岛技师学院的贾泽春、铜陵学院的徐向棋和抚顺市技师学院的姚建峰担任主编，陈锋、王云霞、王鑫、扈立峰、郭海芳、张毅、张志明参与了本书的编写。其中，贾泽春编写了前言、应用实例、思维训练、能力拓展及第二章，徐向棋编写了第四章，姚建峰编写了第五章，陈锋、王云霞、王鑫、扈立峰、郭海芳、张毅编写了第一、三、七、八、九和十章。本书由徐明主审，由贾泽春制定大纲并统稿，由马会杰、何丽蒙、曹福龙对阅读材料文字进行校对。另外，参加本书编写研讨的人员还有：徐明、张立民、李雯、于涌、王蕾、宋博、朱英华、燕云娜、冉德森、曲芸、惠曼玲、孟晶、栗莉、文志勇、苏玉林、齐超。

➢ 致谢

对在编写本书过程中给予支持帮助的企业单位表示感谢！对给予指导帮助的各位同仁深表谢意！

限于编者经历及水平，书中难免有不妥之处，恳请各位专家及读者提出宝贵意见，以便进一步修订更改。

编 者

目 录

第一章　金属材料的力学性能　1

第一节　强度与塑性　1
第二节　硬度　7
第三节　冲击韧性　13
第四节　疲劳强度　16
本章练习　20

第二章　钢的热处理　23

第一节　温度变化对钢的影响　24
第二节　钢的退火与正火　27
第三节　钢的淬火　33
第四节　钢的回火　40
第五节　钢的表面淬火　46
第六节　钢的化学热处理　54
第七节　影响热处理件质量的因素　63
本章练习　65

第三章　工业用钢　69

第一节　钢的基本知识　69
第二节　碳素结构钢与合金结构钢　73
第三节　渗碳钢　80
第四节　调质钢　85
第五节　碳素工具钢与热作模具钢　92
第六节　不锈钢与耐热钢　97
本章练习　103

第四章　铸钢　106

第一节　铸造碳钢　106
第二节　高锰钢　113
本章练习　116

第五章　铸铁 … 119

第一节　铸铁的相关知识 … 119
第一节　灰铸铁 … 121
第二节　球墨铸铁 … 129
第三节　可锻铸铁 … 135
第四节　合金铸铁 … 139
本章练习 … 143

第六章　有色金属 … 146

第一节　铝及铝合金 … 146
第二节　铜及铜合金 … 153
本章练习 … 158

第七章　粉末冶金材料 … 160

第一节　粉末冶金法及其应用 … 160
第二节　硬质合金 … 163
本章练习 … 167

第八章　金属的结构与结晶 … 169

第一节　金属的晶体结构 … 169
第二节　纯金属的结晶 … 172

第九章　铁碳合金 … 177

第一节　合金的晶体结构 … 177
第二节　铁碳合金相图 … 179

第十章　金属的塑性变形与再结晶 … 190

第一节　金属的塑性变形 … 190
第二节　金属的热塑性变形 … 191
第三节　回复与再结晶 … 193
第四节　冷塑性变形对金属性能与组织的影响 … 195

附录 … 197

附录一　各种硬度值换算表 … 197
附录二　常用国内外钢材牌号对照表 … 200
附录三　热处理行业规范条件 … 204

参考文献 … 209

第一章 金属材料的力学性能

金属材料是现代机械制造业的基本材料，广泛地应用于制造生产和生活用品。金属材料之所以获得广泛的应用，是由于它具有许多良好的性能。金属材料的性能包含使用性能和工艺性能两方面。使用性能是指金属材料在使用条件下所表现出来的性能，包括物理性能（如密度、熔点、导热性、导电性、热膨胀性、磁性等）、化学性能（如耐腐蚀性、抗氧化性等）、力学性能等。工艺性能是指金属在制造加工过程中反映出来的各种性能。

在机械设备及工具的设计、制造中选用金属材料时，大多以其力学性能为主要依据，因此熟悉和掌握金属材料的力学性能是非常重要的。所谓力学性能是指金属在外力作用下所表现出来的性能。力学性能包括强度、塑性、硬度、冲击韧性及疲劳强度等。

第一节 强度与塑性

学习目标

- 了解抗拉强度的表示符号及单位；
- 了解下屈服强度的表示符号及单位；
- 了解伸长率的表示符号；
- 了解断面收缩率的表示符号；
- 会查手册，能熟练利用公式计算四大指标。

基础知识

记忆口诀：四大指标莫疏忽，抗拉强度 R_m，下屈服强度为 R_{eL}，单位 MPa 要记住。断面收缩率为 Z，伸长率 A 得背熟。

一、强度

金属在静载荷作用下抵抗塑性变形或断裂的能力称为强度。强度的大小通常用应力来表示。一般情况下多以抗拉强度作为判别金属强度高低的指标。

1. 拉伸试样

拉伸试样的形状一般有圆形、矩形、多边形等。在国家标准（GB/T228—2010）中，对试样的形状、尺寸及加工要求均有明确的规定。如图1-1所示为圆形拉伸试样，d 为试样直径，L_0 为标距长度。试样可分为短试样（$L_0=5d$）和长试样（$L_0=10d$）两种。标准拉伸比例试样的比例系数 $k=5.65$（$L_0=k\sqrt{S_0}$，S_0 为原始横截面积），为 $L_0=5d$ 的短试样，其断后伸长率记为 A；当 L_0 小于15mm时，应优先采用 $k=11.3$ 的长试样（$L_0=10d$），其断后伸长率记为 $A_{11.3}$。

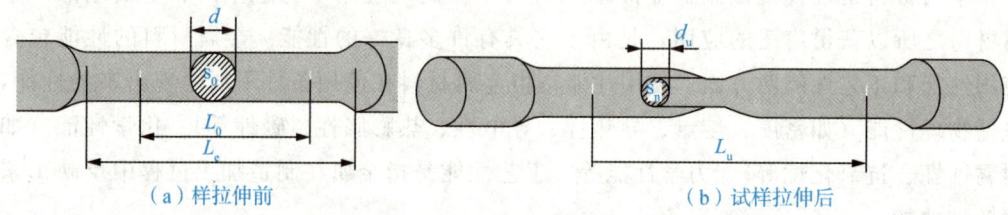

(a) 样拉伸前　　　　　　　　　(b) 试样拉伸后

图1-1　圆形拉伸试样

2. 力—伸长曲线

拉伸试验中得出的拉伸力 F 与伸长量 ΔL 的关系曲线叫作力—伸长曲线，也称为拉伸曲线图。图1-2是低碳钢的力—伸长曲线（纵坐标表示力 F、单位为N；横坐标表示伸长量 ΔL、单位为mm）。

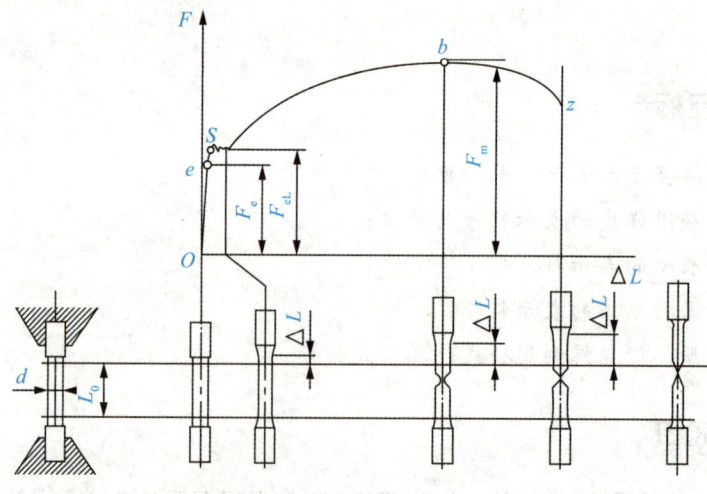

图1-2　低碳钢的力—伸长曲线

拉伸过程可分为弹性变形、屈服、强化和缩颈四个阶段：

（1）oe——弹性变形阶段。试样变形是弹性的，外力与伸长是成正比例关系。若外力撤去，则试样变形完全消失。F_e 为发生最大弹性变形时的最大拉伸力。

（2）es——屈服阶段。当外力超过 F_e 再撤去时，试样的伸长只能部分地恢复，而保留一部分残余变形。这种不能随外力的去除而消失的变形称为塑性变形。当外力增加到 F_{eL} 时，图上出现平台或锯齿状，这种在拉伸力不增加、试样却继续伸长的现象称为屈服。F_{eL} 称为屈服载荷。屈服后，材料开始出现明显的塑性变形。

（3）sb——强化阶段。当外力超过 F_{eL} 后，若试样继续伸长，则必须不断增加拉伸力。随着塑性变形增大，变形抗力也逐渐增大，这种现象称为形变强化（或称加工硬化），此阶段试样的变形是均匀发生的。F_m 为试样拉伸试验时的最大力。

（4）bz——缩颈阶段（局部塑性变形阶段）。当外力达到最大值 F_m 后，试样的某一直径处发生局部收缩，称为"缩颈"。此时随着横截面积的减小，试样变形所需的外力也随之逐渐降低，这时伸长主要集中于缩颈部位，直至断裂。

3. 强度指标

（1）屈服强度。当金属材料呈现屈服现象时，材料在试验期间达到塑性变形而力不增加的应力点称为屈服强度。它分为上屈服强度 R_{eH}（即试样发生屈服而力首次下降前的最高应力）和下屈服强度 R_{eL}（即在屈服期间，不计初始瞬时效应时的最低应力）。在金属材料中，常用下屈服强度 R_{eL} 代表其屈服强度。计算公式如下

$$R_{eL}=\frac{F_{eL}}{S_0}$$

式中，R_{eL} 为试样的下屈服强度（MPa，$1\text{MPa}=1\text{N/mm}^2=10^6\text{Pa}=10^6\text{N/m}^2$）；

F_{eL} 为试样屈服时的最低应力（N）；

S_0 为试样原始横截面面积（mm^2）。

除低碳钢、中碳钢及少数合金钢有屈服现象外，大多数金属材料没有明显的屈服现象。因此，这些材料规定用产生 0.2% 残余伸长时的应力作为屈服强度，可以替代 R_{eL}，称为条件屈服强度，计为 $R_{p0.2}$。

屈服强度是工程技术中最重要的力学性能指标之一，设计零件时常以 R_{eL} 或 $R_{p0.2}$ 作为选用金属材料的依据。

（2）抗拉强度。材料在断裂前所能承受的最大应力称为抗拉强度，用符号 R_m 表示。

计算公式如下

$$R_m=\frac{F_m}{S_0}$$

式中，R_m 为抗拉强度（MPa）；

F_m 为试样拉断前承受的最大力（N）；

S_0 为试样原始横截面面积（mm^2）。

零件在工作中所承受的应力，不允许超过抗拉强度，否则会产生断裂。R_m 也是机械零件设计和选材的重要依据。

思维训练

【例1】一根直径 $d_0=10\text{mm}$，$L_0=100\text{mm}$ 的低碳钢试样，拉伸试验测得，$F_{eL}=21\text{kN}$，$F_m=29\text{kN}$，$L_u=138\text{mm}$，$d_u=5.65\text{mm}$，求此试样的下屈服强度 R_{eL}、抗拉强度 R_m。

【已知】$d_0=10\text{mm}$，$L_0=100\text{mm}$，$F_{eL}=21\text{kN}=21000\text{N}$，$F_m=29\text{kN}=29000\text{N}$

【求】R_{eL}、R_m。

【解】$S_0=\pi d_0^2/4=3.14\times10^2/4=78.5$（$\text{mm}^2$）

$R_{eL}=F_{eL}/S_0=21000/78.5=267.5$（MPa）

$R_m=F_m/S_0=29000/78.5=369.4$（MPa）

【答】试样的下屈服强度 $R_{eL}=267.5\text{MPa}$、抗拉强度 $R_m=369.4\text{MPa}$。

4. 刚度和弹性

弹性模量 E 是指金属材料在弹性状态下的轴向拉伸应力与相应的应变的比值。把试样承受的拉伸力 F 与试样的原始横截面积 S_0 的比值定义为工程应力 σ。试样的伸长量 ΔL 与试样的原始标距 L_0 的比值定义为工程应变 ε。即

$$E=\frac{\sigma}{\varepsilon}\text{（MPa）} \qquad \sigma=\frac{F}{S_0}\text{（MPa）} \qquad \varepsilon=\frac{\Delta L}{L_0}$$

弹性模量表示金属材料抵抗弹性变形的能力。工程上将材料抵抗弹性变形的能力称为刚度。它除了与零件横截面大小、形状有关外，还主要取决于材料的性能（即材料的弹性模量 E）。E 越大，刚度越大。

思维训练

【例1】一根直径 2.5mm，长度 3m 的钢丝，承受 4900N 载荷后有多大的弹性变形？（$E=2.1\times10^5\text{MPa}$）

【已知】$d_0=2.5\text{mm}$，$L_0=3\text{m}=3000\text{mm}$，$F=4900\text{N}$，$E=2.1\times10^5\text{MPa}$

【求】ΔL。

【解】$S_0=\pi d_0^2/4=3.14\times2.5^2/4=4.9$（$\text{mm}^2$）

$\sigma=F/S_0=4900/4.9=1000$（MPa）

$\varepsilon=\sigma/E=1000/210000\approx4.8\times10^{-3}$

$\Delta L=\varepsilon L_0=4.8\times10^{-3}\times3000=14.4$（mm）

【答】弹性变形为 14.4mm。

【例2】青铜的屈服强度 $R_{P0.2}=330\text{MPa}$，弹性模量 $E=1.11\times10^5\text{MPa}$，问：

(1) 长度为 1.5m 的青铜棒伸长 0.2cm 时所需的应力多大？

【已知】$\Delta L=0.2\text{cm}=2\text{mm}$，$L_0=1.5\text{m}=1500\text{mm}$，$E=1.11\times10^5$（MPa）

【求】σ。

【解】$\varepsilon = \Delta L / L_0 = 2/1500 = 133.33 \times 10^{-5}$

$\sigma = \varepsilon E = (133.33 \times 10^{-5}) \times (1.11 \times 10^5) \approx 148 \text{ (MPa)}$

【答】所需应力为 148MPa。

(2) 当承受 2.8×10^4 N 载荷而不发生塑性变形时,其横截面应多大?

【已知】$F = 2.8 \times 10^4 \text{N}$,$R_{p0.2} = 330 \text{MPa}$

【求】S_0。

【解】不发生塑性变形,即 $\sigma = (F/S_0) < R_{p0.2}$ (330MPa),则 $S_0 > (F/R_{p0.2}) = (2.8 \times 10^4)/330 = 85 \text{ (mm}^2\text{)}$

【答】横截面积应该不小于 85mm²。

【例3】现有一串钻探钢管材料悬挂在一被钻探的油井中,设钢管的横截面积为 25cm²,钢的密度为 7.8t/m³,由于钢管的重而产生的应变为 8.3×10^{-4},求该油井的深度。($E = 2.1 \times 10^5 \text{Mpa}$)

【已知】$S_0 = 25 \text{cm}^2 = 25 \times 10^{-4} \text{m}^2$,力加速度 $g = 9.81 \text{m/s}^2$,管密度 $\rho = 7.8 \text{t/m}^3 = 7.8 \times 10^3 \text{kg/m}^3$,$E = 2.1 \times 10^5 \text{MPa} = 2.1 \times 10^{11} \text{Pa (N/m}^2\text{)}$,$\varepsilon = 8.3 \times 10^{-4}$。

【求】井深 L。

【解】设钢管自重 $F = \rho g S_0 L_0$,$\sigma = F/S_0 = (\rho g S_0 L_0)/S_0 = \rho g L_0$

$\varepsilon = \sigma / E = (\rho g L_0)/E$,此 $L_0 = (\varepsilon E)/(\rho g)$

$\Delta L = \varepsilon L_0 = \varepsilon [(\varepsilon E)/(\rho g)]$

$L = L_0 + \Delta L = (1+\varepsilon) L_0 = (1+\varepsilon)[(\varepsilon E)/(\rho g)] = (1 + 8.3 \times 10^{-4}) \times [(8.3 \times 10^{-4} \times 2.1 \times 10^{11})/(7.8 \times 10^3 \times 9.81)] \approx 2280 \text{ (m)}$。

【答】井深 2280m。

二、塑性

断裂前金属材料产生永久变形的能力称为塑性。塑性指标也是由拉伸试验测得的,常用伸长率和断面收缩率来表示。

1. 伸长率(断后伸长率)

试样拉断后,标距的伸长量与原始标距之比的百分率称为伸长率,用符号 A 表示($k=5.65$ 的短比例试样的断后伸长率记为 A;$k=11.3$ 的长比例试样的断后伸长率记为 $A_{11.3}$)。其计算公式如下

$$A = \frac{L_u - L_0}{L_0} \times 100\%$$

式中,L_u 为试样拉断后的标距(mm);

L_0 为试样的原始标距(mm)。

2. 断面收缩率

试样拉断后,缩颈处横截面积的变化量与原始横截面面积的百分比称为断面收缩

率，用符号 Z 表示。其计算公式如下

$$Z = \frac{S_0 - S_u}{S_0} \times 100\%$$

式中，S_0 为试样原始横截面面积（mm²）；

S_u 为试样拉断后缩颈处的横截面面积（mm²）。

思维训练

【例1】拉伸试样的原始标距为 50mm，直径为 10mm，拉伸试验后，将已断裂的试样对接起来测量，若断后的标距为 79mm，缩颈区的最小直径为 4.9mm。求该材料伸长率 A 和断面收缩率 Z 的值（计算结果保留两位小数）。

【已知】$L_0 = 50$mm；$L_u = 79$mm；$d_0 = 10$mm；$d_1 = 4.9$mm

【求】$A = ?$ 和 $Z = ?$

【解】1）$A = (L_u - L_0)/L_0 \times 100\% = (79 - 50)/50 \times 100\% = 58\%$

2）$S_0 = (\pi/4)d_0^2 = (3.14/4) \times 10^2 = 78.5$（mm²）

$S_u = (\pi/4)d_1^2 = (3.14/4) \times 4.9^2 = 18.8$（mm²）

$Z = (S_0 - S_u)/S_0 \times 100\% = (78.5 - 18.8)/78.5 \times 100\% = 76\%$

【答】该材料伸长率为 58%、断面收缩率为 76%。

【例2】现有原始直径为 10mm 圆形长、短试样各一根，经拉伸试验测得伸长率 $A_{11.3}$、A 均为 25%。求两试样拉断后的标距长度？

【已知】$d_0 = 10$mm、$A_{11.3} = A = 25\%$，$L_{10} = 10d_0 = 10 \times 10 = 100$mm、$L_5 = 5d_0 = 5 \times 10 = 50$mm

【求】L_{u10}、L_{u5}。

【解】依据 $A = (L_u - L_0)/L_0 \times 100\%$，推导出 $L_u = (1 + A)L_0$

则 $L_{u10} = (1 + A)L_{10} = (1 + 25\%) \times 100 = 125$（mm）

$L_{u5} = (1 + A)L_5 = (1 + 25\%) \times 50 = 62.5$（mm）

【答】长、短两试样拉断后的标距长度分别为 125mm 和 62.5mm。

应用实例

（1）特殊结构大型高压阀体防喷器（见图1-3）是出口国外油田钻井用预防石油井喷设备上一种重要的关键部件。最大外形尺寸为 1485mm×982mm×981mm，净重 7.5t，材质牌号 ZG25CrNiMo。工作压力 70MPa，须进行 105MPa 的水压强度试验，不得出现渗漏和明显变形等现象。磁粉及超声波探伤不允许有任何铸造缺陷。铸件尺寸精度要求达到 CT8～CT10，铸件非加工表面粗糙度要求达到 $R_a \leq 25\mu m$。

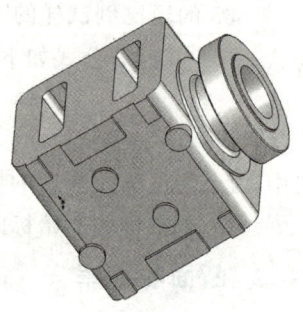

图1-3 防喷器

ZG25CrNiMo 化学成分为：C（0.26%～0.30%），Si（0.20%～0.35%），Mn（0.80%～1.00%），Cr（0.60%～1.00%），Ni（0.50%～0.95%），Mo（0.20%～0.30%），Cu（≤0.18%），P（≤0.025%），S（≤0.025%）。

铸件经调质热处理后，力学性能应达到：R_{eL}≥517MPa，R_m≥655MPa，A≥35%，Z≥18%，表面硬度 HB210～234。与铸件随炉浇注试块并一同热处理，然后加工试棒三根，任意抽取其中一根试棒按 GB/T228—2010 做拉伸试验，检验 R_{eL}、R_m、A、Z 值是否符合标准要求。若试验指标 R_{eL}≥517MPa，R_m≥655MPa，A≥35%，Z≥18%，材质合格。若指标中有一项不合格，再取另外两根试棒进行试验，指标合格即材质合格。

(2) 炉喉钢砖（见图 1-4）是高炉上的重要冷却部件，主要起保护炉壳和使炉内冶金过程能顺利持续进行的作用，其铸件质量对冶炼高炉的使用寿命影响很大。其最大外形尺寸为 1580mm×730mm×650mm，净重 3.4t，主要壁厚为 80mm，炉喉钢砖材质为 ZG230—450。铸件内外部质量要求严格，不允许有裂纹、缩孔、疏松、气孔、砂眼、夹渣和冷隔等任何影响质量的铸造缺陷存在。须进行 0.5MPa 的水压强度试验，保压 30min 以上不得有渗漏现象。

图 1-4　炉喉钢砖

铸件退火热处理后的力学性能：R_{eL}≥230MPa，R_m≥450MPa，A≥22%，Z≥32%。随炉浇注梅花试棒并一同热处理，然后三根加工试样按 GB/T228—2010 做拉伸试验，检验 R_{eL}、R_m、A、Z 值是否符合标准要求。

第二节　硬度

学习目标

- 了解布氏硬度值的表示符号；
- 了解洛氏硬度最常用的表示符号；
- 会测试布氏、洛氏硬度。

基础知识

金属材料抵抗局部变形，特别是塑性变形、压痕或划痕的能力称为硬度。它是各种零件和工具必须具备的性能指标，是衡量金属材料软硬程度的一种指标。机械制造业所用的刀具、量具、模具等，都应具备足够的硬度，才能保证使用性能和寿命。有些机械零件如齿轮等，也要求有一定的硬度，以保证足够的耐磨性和使用寿命。因此，硬度是金属材料一项重要的力学性能。

与拉伸试验相比，硬度试验简便易行，因而硬度试验应用十分广泛。硬度测试的方法很多，最常用的有布氏硬度试验法、洛氏硬度试验法和维氏硬度试验法三种。

一、布氏硬度

1. 布氏硬度的测试原理（GB/T231.1—2009）

使用一定直径的硬质合金球，以规定的试验力压入试样表面，经规定的保持时间后卸除试验力，然后通过测量试样表面压痕直径来计算硬度。如图1-5所示为布氏硬度实验原理示意图。

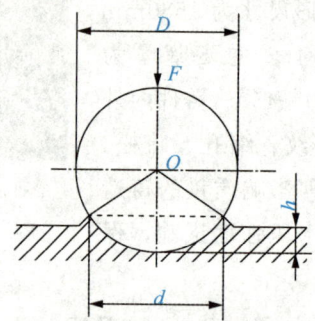

图1-5 布氏硬度实验原理示意图

布氏硬度值用球面压痕单位表面积上所承受的平均压力来表示，其单位为MPa，一般均不标出，用符号HBW来表示。其值按下式计算

$$HBW = 0.102 \times \frac{F}{S} = 0.102 \times \frac{2F}{\pi D(D - \sqrt{D^2 - d^2})}$$

式中，F 为试验力（N）

S 为球面压痕表面积（mm^2）；

D 为硬质合金球直径（mm）；

d 为压痕平均直径（mm）。

在实际应用中，布氏硬度一般不用计算，而是用专用的刻度放大镜量出压痕直径（d），根据压痕直径的大小，再从专门的硬度表中查出相应的布氏硬度值。

2. 布氏硬度的表示方法

布氏硬度用硬度值、硬度符号、压头直径、试验力及试验保持时间表示（试验力保持的时间为10~15s不标注）。例如，170HBW10/1000/30表示用直径10mm的硬质合金球，在9807N的试验力作用下，保持30s时测得的布氏硬度值为170。530HBW5/

750表示用直径5mm的硬质合金球，在7355N的试验力作用下，保持10～15s时测得的布氏硬度值为530。

试验力的选择应保证压痕直径在$0.24D$～$0.6D$之间，试验力—压头直径平方的比率（$0.102F/D^2$），应根据材料和硬度值的选择（见表1-1）。

表1-1 不同材料的试验力—压头直径平方的比率

材料	布氏硬度（HBW）	$0.102F/D^2$
钢、镍合金、钛合金		30
钢及铸铁	<140	10
	≥140	30
铜及其合金	<35	5
	35～200	10
	>200	30
轻金属及其合金	<35	2.5
		5
	35～80	10
		15
	>80	10
		15
铅、锡		1

如有一铸铁材料，压头直径10mm，采用F/D^2比率为30的试验力为29.42kN（3000kgf）。当试验结果硬度值低于140HBW时，按表1-1示规定要求，应改变F/D^2比值率值，以F/D^2为10选择试验力9.807kN（1000kgf），从而保证硬度较低的材料其压痕直径也在所规定范围内。

3. 应用范围及优缺点

布氏硬度主要适用于测定灰铸铁，有色金属，以及退火、正火、调质处理后的各种软钢等硬度不是很高的材料。

布氏硬度试验的优点：采用的试验的压痕直径较大，能较准确地反映出金属材料的平均性能。另外，由于布氏硬度与其他力学性能（如抗拉强度）之间存在着一定的近似比例关系，因而在生产中得到广泛应用。其缺点：测压痕直径费时费力操作时间较长，不适于测高硬度材料，压痕较大，不宜于测量成品及薄件。

布氏硬度与抗拉硬度的近似关系：低碳钢的$R_m \approx 3.53HBW$，高碳钢的$R_m \approx 3.33HBW$。合金钢的$R_m \approx 3.19HBW$，灰铸铁的$R_m \approx 0.98HBW$。

二、洛氏硬度

1. 洛氏硬度的测试原理

洛氏硬度试验是采用直接测量的压痕深度来计算洛氏硬度值，其原理示意图如图 1-6 所示。压头是 120°金刚石圆锥体或直径为 1.5875mm（1/16″）的硬质合金球。在初始试验力 F_0 作用下，试样压痕深度为 h_1，压头位置为 1-1；再加上主试验力 F_1 后，总试验力为 F_0+F_1，压头压痕深度为 h_2，压头位置为 2-2；经一定时间保持后撤去主试验力 F_1，仍保持初始试验力 F_0，试样的弹性变形恢复，压头上升到 3-3 位置。压头在主试验力作用下的压痕深度为 h_3。此时，残余深度为 h，其数值为 h_3-h_1。当压头为 120°金刚石圆锥体时，洛氏硬度计算式如下

$$HR = 100 - \frac{h}{0.002}$$

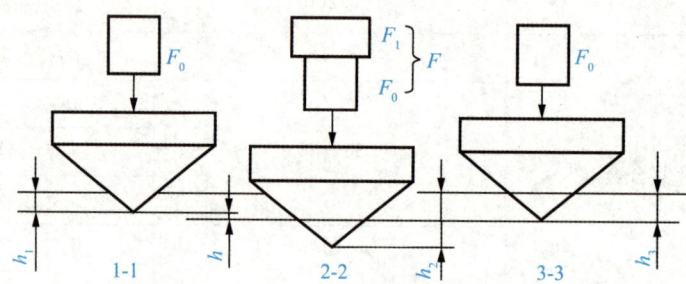

图 1-6 洛氏硬度实验原理示意图

洛氏硬度没有单位，实际测量时，硬度值可以直接从硬度计的表盘上读出。

2. 洛氏硬度的表示方法

符号 HR 前面的数字表示硬度值，HR 后面的字母表示不同洛氏硬度的标尺。例如 45HRC 表示用 C 标尺测定的洛氏硬度值为 45。

3. 常用洛氏硬度标尺及其适用范围

常用的洛氏硬度标尺是 A、B、C 三种，其中 C 标尺应用最为广泛。三种洛氏硬度标尺的试验条件和适用范围如表 1-2 所示。

表 1-2 常用洛氏硬度标尺的试验条件和适用范围

硬度标尺	压头类型	总试验力 N	硬度值有效范围	应用举例
HRC	120°金刚石圆锥体	1471.0	20～67HRC	一般淬火钢件
HRB	φ1.5875mm 硬质合金球	980.7	25～100HRB	软钢、退火钢、铜合金等
HRA	120°金刚石圆锥体	588.4	60～85HRA	硬质合金、表面淬火钢等

各种不同标尺的洛氏硬度值不能直接进行比较，但可用实验测定的换算表（查材料手册）相互比较。

4. 优缺点

洛氏硬度试验的优点：操作简单迅速，能直接从表盘上读出硬度值；压痕直径较小，可以测定成品及较薄工件；测试的硬度值范围较大，可测从很软到很硬的金属材料。

其缺点：压痕较小、当材料的内部组织不够均匀时，硬度数据波动较大，测量值的代表性差，通常需要在不同部位测试数次，取其平均值来代表材料的硬度。

三、维氏硬度

1. 维氏硬度的测试原理

维氏硬度试验采用的压头是两相对面间夹角为136°的正四棱锥体金刚石压头。测试时以选定的试验力压入试样表面，经规定的保持时间后卸除试验力，用测量压痕两对角线长度，取其平均值 d，如图1-7所示。

计算出压痕表面所承受的平均应力值再乘以0.102，即为维氏硬度值，用符号 HV 表示。计算公式如下

$$HV = 0.1891 \frac{F}{d^2}$$

式中，HV 为维氏硬度；

F 为试验力（N）；

d 为压痕两对角线长度（mm）。

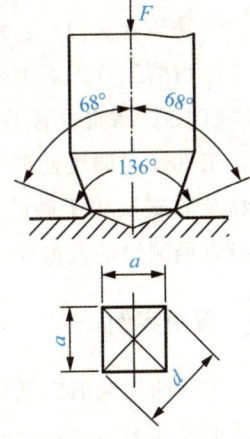

图1-7 维氏硬度试验原理示意图

2. 维氏硬度的表示方法

在实际工作中，维氏硬度值根据压痕对角线长度，从 GB/T4340.4—2009 中直接查出。维氏硬度值也不标注单位。维氏硬度值表示方法在 HV 前面为硬度值，HV 后面按试验力保持时间的顺序用数值表示试验条件，当试验力保持时间为10~15s时不标注。例如，640HV30 表示用 294.2N（30kgf）试验力，保持10~15s（可省略不标），测定的维氏硬度值为640。

3. 应用范围及优缺点

维氏硬度因试验力小，压入深度较浅，故可测量较薄的材料；也可测量表面渗碳、渗氮层的硬度。因维氏硬度值具有连续性（10~1000HV）。维氏硬度试验的缺点是测量压痕对角线的长度较繁；压痕小，对试样表面质量要求较高。

【例1】下列硬度标注的方法是否正确？为什么？

①HBW250～300；（错）

②600～650HBW；（对）

③5～10HRC；（对）

④HRC70～75；（错）

⑤HV800～850；（错）

⑥800～850Hv。（错）

标记时，硬度符号应该大写，数值在字母前面。

【例2】采用何硬度试验方法？

①锉刀：洛氏硬度 HRA；

②黄铜轴套：洛氏硬度 HRB 或布氏硬度 HBW；

③供应状态的各种碳钢钢材：布氏硬度 HBW；

④硬质合金刀片：洛氏硬度 HRA；

⑤耐磨工件的表面硬化层：维氏硬度 HV；

【例3】调质后的工件如何用手提布氏硬度计测试？

工件经过调质处理后若想用手提布氏硬度计测试，首先应将测试点附近的表面氧化物及脱碳层用手砂轮磨除1～2mm深。磨平表面是很关键的，如果表面凹凸不平，压痕直径测绘的数据就不是真实结果，有可能给实际工作带来损失。

应用实例

大型船用柴油机气缸盖是船舶上应用的重要关键零部件。缸盖结构如图所示，最大外形尺寸为φ1250mm×520mm，毛重1.65t，材质牌号ZG35CrMo，该件结构复杂，因其长期在高温条件下工作，铸件须经磁粉探伤不允许有任何铸造缺陷，缸盖须经0.7MPa水压试验，保压10min以上不得有渗漏现象。ZG35CrMo 化学成分为 C（0.3～0.4%），Si（0.4～0.6%），Mn（0.5～1.0%），P（≤0.035%），S（≤0.035%），Cr（0.8～1.0%），Mo（0.2～0.3%）。表面硬度 HBW180～230。

图1-8　大型船用柴油机气缸盖

第三节 冲击韧性

- 了解常用的冲击试样；
- 了解冲击吸收能量的表达符号；
- 掌握冲击试验。

许多机械零件在工作中，往往要受到冲击载荷的作用，如活塞销、锻锤杆、冲模和锻模等。制造这类零件所用的材料，其性能指标不能单纯用静载荷作用下的指标来衡量，而必须考虑其抵抗冲击载荷的能力。金属材料抵抗冲击载荷作用而不被破坏的能力称为冲击韧性。材料的冲击韧性用夏比摆锤冲击试验来测定。

一、夏比摆锤冲击试验原理

夏比摆锤冲击试验是指将规定几何形状的缺口试样置于试验机两支座之间，缺口背向打击面放置，如图1-9所示。其实质就是通过能量转换过程，测量试样在这种冲击下折断时所吸收的能量。让摆锤从一定高度落下，将试样一次冲断。在这一过程中，用试样所吸收的能量 K 的大小作为衡量材料韧性的指标，称为冲击吸收能量。用U形和V形缺口试样测得的冲击吸收能量分别用 K_U 和 K_V 表示。如 K_{U2} 就表示U形冲击试样在2mm刀刃下的冲击吸收能量。冲击吸收能量越大，说明材料的韧性越好。

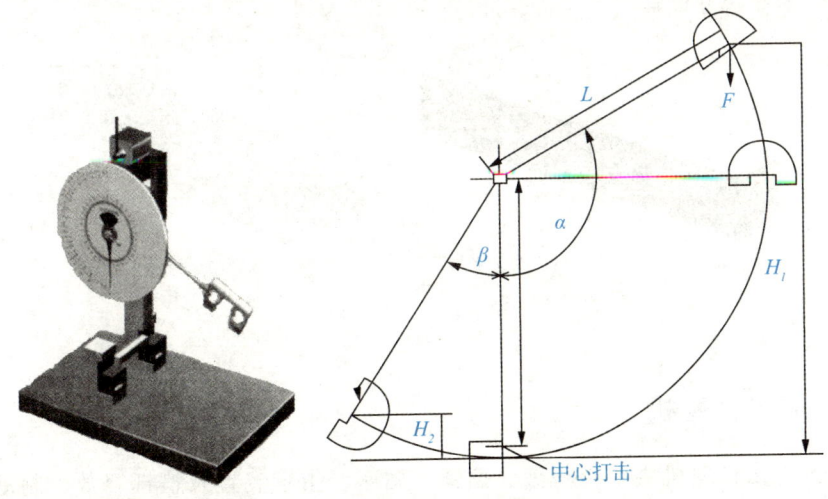

图1-9 夏比摆锤冲击试验原理图

二、摆锤冲击前后的位能差测定

试样的吸收能量在试验中用摆锤冲击前后的位能差测定

$$K = A - A_1$$
$$A = FH_1 = FL(1 - \cos\alpha)$$
$$A_1 = FH_2 = FL(1 - \cos\beta)$$

式中，A 为摆锤起始位能（J）；

A_1 为摆锤打击试样后的位能（J）。

如不考虑空气阻力及摩擦力等能量损失，则冲断试样的吸收功为

$$K = F \times L(\cos\beta - \cos\alpha)$$

式中，F 为摆锤的重力（N）；

L 为摆长（摆轴至锤重心之间的距离）（m）；

α 为冲击前摆锤扬起的最大角度（rad）；

β 为冲击后摆锤扬起的最大角度（rad）；

三、冲击试样类型与尺寸

根据国家标准（GB/T229—2007）规定，常用的有 U 形缺口和 V 形缺口两种试样，其外形尺寸为 10mm×10mm×55mm，如图 1-10 所示。V 形缺口应有 45°夹角，其深度为 2mm，底部曲率半径为 0.25mm，U 形缺口深度一般应为 2mm 或 5mm，底部曲率半径为 1mm。

选择试样类型的原则：应根据试验材料的产品技术条件、材料的服役状态和力学特性选择，一般情况下，尖锐缺口和深缺口试样适用于韧性较好的材料。

当实验材料的厚度在 10mm 而无法制备标准试样时，可采用宽度 7.5mm，5mm 或 2.5mm 的小尺寸试样。

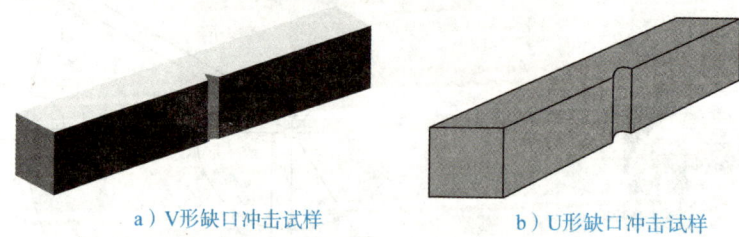

a）V形缺口冲击试样　　b）U形缺口冲击试样

图 1-10　冲击试样

四、冲击试验机

摆锤式冲击试验机主要由机架、摆锤、砧座、指示装置及摆锤释放、制动和提升机构组成。冲击试验机按摆锤刀刃半径有 2mm 和 8mm 两种，按送样方式可分为手动

和自动送样两种,按指示装置可分为表盘式和数显式两种。

冲击韧性:由于冲击功或冲击韧性代表在指定温度下,材料在缺口和冲击载荷共同作用下脆化的趋势及其程度,所以不同条件下测得的冲击韧性的指标不能进行比较。冲击韧性是一个对成分、组织、结构极敏感的参数,在冲击试验中很容易揭示出材料中的某些物理现象,如晶粒粗化、冷脆、热脆和回火脆性等,故目前常用冲击试验来检验冶炼、热处理以及各种加工工艺的质量。此外,不同温度下的冲击试验可以测定材料的冷脆转变温度。同时,冲击韧性对某些零件抗少数几次大能量冲击的设计有一定的参考意义。

思维训练

【例1】为什么对于直接承受动荷载的结构必须进行钢材的冲击韧性检验?

【答】钢材如经受冷加工变形,或使用中经受震动和反复荷载的作用,其强度提高,塑性和冲击韧性下降。试验表明,冲击韧性随温度的降低而下降。所以,对于直接承受动荷载而且可能在负温下工作的重要结构必须进行钢材的冲击韧性检验。

【例2】影响钢材冲击韧性因素有哪些?

【答】钢材的化学成分、内在缺陷、加工工艺及环境温度都会影响钢材的冲击韧性。

应用实例

40Cr 轴如图 1-11 所示,需进行调质热处理,需做冲击韧性试验,冲击韧度 $K \geqslant 47J$。

图 1-11 40Cr 轴

40Cr 圆钢经过锻造成毛坯轴,再经过车削粗加工后进行调质热处理,与铸件随炉浇注试块并一同热处理,然后加工拉伸试棒三根、冲击试样三块,按国标进行力学性能试验。若试验指标 $R_{eL} \geqslant 785MPa$、$R_m \geqslant 980MPa$、$A_{11.3} \geqslant 9\%$、$Z \geqslant 45\%$、冲击韧度 $K \geqslant 47J$;力学性能合格,冲击韧度满足技术条件。若指标中有一项不合格,再取另外两根试棒进行试验,指标合格即材质合格。

第四节 疲劳强度

学习目标

- 了解疲劳的概念和疲劳的种类;
- 了解疲劳强度的表示符号;
- 学会查表及应用。

基础知识

疲劳破坏是指在交变应力作用下,虽然零件所承受的应力低于材料的屈服点,但经过较长时间的工作后产生裂纹或突然发生完全断裂的现象。疲劳破坏前没有明显的变形,断裂前没有预兆。

一、金属的疲劳

许多机械零件,如轴、齿轮、轴承、叶片、弹簧等,在工作过程中各点的应力随时间作周期性的变化,这种随时间作周期性变化的应力称为交变应力(也称循环应力)。在交变应力作用下,虽然零件所承受的应力低于材料的屈服点,但经过较长时间的工作后产生裂纹或突然发生完全断裂的现象称为金属的疲劳。

机械零件之所以产生疲劳断裂,是由于材料表面或内部有缺陷(夹杂、划痕、显微裂纹等),这些地方的局部应力大于屈服点,从而产生局部塑性变形而导致开裂。这些微裂缝随应力循环次数的增加而逐渐扩展,直至最后承载的截面减小到不能承受所加载荷而突然断裂。

二、疲劳曲线和疲劳强度

疲劳曲线是指交变应力与循环次数的关系曲线,如图1-12所示。曲线表明,金属承受的交变应力越小,则断裂前的应力循环次数 N 越大,反之,则 N 越小。

从图1-12中可以看出,当应力降到某个数值时,曲线与横坐标平行,表示应力低于此值时,试样可以经受无数次周期循环而不被破坏,此应力值称为材料的疲劳强度。疲劳强度是金属材料在无限多次交变应力作用下而不破坏的最大应力。显然疲劳极限的数值愈大,材料抵抗疲劳破坏的能力愈强。当交变应力为对称循环应力时(见图1-13),疲劳强度用符号 R_{-1} 表示。

实际上,金属材料不可能作无数次交变载荷试验。对于黑色金属,一般规定应力循环 10^7 周次而不断裂的最大应力为疲劳强度;有色金属、不锈钢等取 10^8 周次而不断裂的最大应力为疲劳强度。

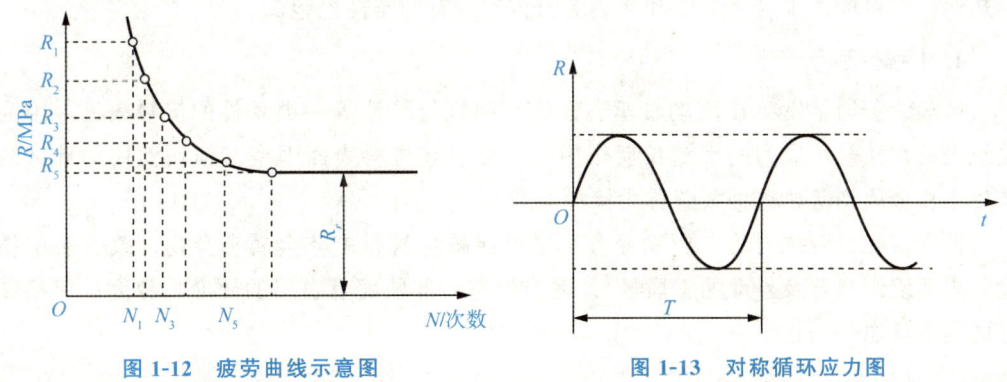

图 1-12 疲劳曲线示意图　　图 1-13 对称循环应力图

金属的疲劳强度受到很多因素的影响，如工作条件、表面状态、材料成分、组织及残余内应力等。改善零件的结构形式、减小零件表面粗糙度数值及采取各种表面强化的方法，都能提高零件的疲劳强度。

三、疲劳的其他种类

1. 低周疲劳

工程中有些机件是在承受交变应力（或重复应力）较高（接近或超过材料的屈服强度），加载频率较低，并经受循环周次较低（$10^2 \sim 10^5$ 周次）时发生了疲劳断裂，这种疲劳称为低周疲劳。

低周疲劳的寿命与材料的强度及各种表面强化处理关系不大，它主要取决于材料的朔性。因而，当机件在低调疲劳下服役时，应在满足强度要求下，选用塑性较高的材料。

2. 冲击疲劳

承受小能量冲击载荷的零件，在经过千百万次冲击后发生疲劳断裂，这种疲劳称为冲击疲劳。因此，对这些零件已不能用一次冲击弯曲试验所测得的冲击吸收功来衡量其对冲击载荷的抗力，而应采用冲击疲劳抗力的指标。

3. 热疲劳

由于温度循环变化而产生热应力循环变化，由这种循环热应力引起的疲劳称为热疲劳。

热应力大小可表达如下

$$\sigma = E\alpha\Delta T$$

式中，E 为材料的弹性模量；

α 为材料的线膨胀系数；

ΔT 为温度差。

提高热疲劳抗力的主要途径有：降低材料的线膨胀系数；提高材料的高温强度和导热性；尽可能减少应力集中和使热应力得到应有的塑性松弛等。

4. 接触疲劳

接触疲劳通常发生在滚动轴承、齿轮、钢轨与轮箍等一类零件的接触表面。因为接触表面在接触压应力的反复长期作用后，会引起材料表面因疲劳损伤而使局部区域产生小片金属剥落，这种疲劳称为接触疲劳。

提高接触疲劳抗力的主要途径有：尽可能减少材料中非金属夹杂物；改善表层质量（内部组织状态及外部加工质量）；适当控制心部硬度及表层的硬度与深度；保持良好的润滑状态等。

5. 腐蚀疲劳

腐蚀疲劳是零件在腐蚀性环境中承受变动载荷所产生的一种疲劳破坏现象。提高腐蚀疲劳抗力的主要途径有：在腐蚀介质中添加缓蚀剂；采用电化学保护；通过各种表面处理方法，使零件表层产生残余压应力等。

将常用的力学性能指标及其含义如表 1-3 所示。

表 1-3 常用的力学性能指标及其含义

力学性能	性能指标				含 义
	新标符号	旧标符号	名称	单位	
强度	R_m	σ_b	抗拉强	MPa	试样拉断前所能承受的最大应力
	R_{eL}	σ_s	下屈服强度		发生塑性变形而力不增加时的应力点
	$R_{p0.2}$	$\sigma_{0.2}$	规定非比例延伸强度		规定非比例延伸率为0.2%时的应力
塑性	A（$A_{11.3}$）	δ_5（δ）	断后伸长率	—	断后标距的伸长量与原始标距之比的百分率
	Z	Ψ	断面收缩率		缩颈处横截面积的缩减量与原始横截面积的百分比
硬度	HBW	HBS, HBW	布氏硬度	MPa	球形压痕单位面积上所受的平均压力
	HR	HR	洛氏硬度		用洛氏硬度相应标尺刻度满程与压痕深度之差计算的硬度值

第一章 金属材料的力学性能

(续表)

力学性能	性能指标				含 义
	新标符号	旧标符号	名称	单位	
硬度	(A、B、C)	(A、B、C)	(A、B、C标尺)	—	
	HV	HV	维氏硬度	MPa	正四棱锥压痕单位表面积上所承受的平均压力
冲击吸收能量	K	α_k	冲击韧度	J	试验时冲击试样所吸收的能量
疲劳强度	R_{-1}	σ_{-1}	疲劳极限	MPa	试样承受无数次（或给定次数），对称循环应力仍不断裂的最大应力

思维训练

【例1】为什么疲劳断裂对机械零件有很大的潜在危险性？交变应力与重复应力的区别何在？举例出一些零件在工作中分别存在这两种应力的例子。

【答】疲劳断裂的危险性：疲劳断裂都是突然发生的，很难事先觉察到，故具有很大的危险性。交变应力与重复应力的区别：交变应力是载荷由大到小与方向作交替变化（如齿轮），重复应力只有一种不断重复的载荷（如弹簧）。

【例2】现有两端固定（不能自由伸缩）的钢索一根，设钢索的热膨胀系数为 $\alpha = 12.1 \times 10^{-6}$ m/(m·℃)，问该钢索从 40℃ 冷却到室温 25℃ 后所产生的应力 σ 多大？（弹性模量 $E = 2.1 \times 10^5$ MPa）

【已知】$E = 2.1 \times 10^5$ MPa，$\alpha = 12.1 \times 10^{-6}$ m/(m·℃)，$\Delta T = 40 - 25 = 15$（℃）

【求】σ？

【解】$\sigma = E\alpha\Delta T = 2.1 \times 10^5 \times 12.1 \times 10^{-6} \times 15 = 38.115$（MPa）

【答】该钢索从 40℃ 冷却到室温 25℃ 后所产生的应力为 38.115MPa。

应用实例

疲劳强度由零件的局部应力状态和该处的材料性能确定，在设计过程中，通过改进零件的形状以减小应力集中，或对最弱环节的表面层采用适当的强化工艺，能显著地提高其疲劳强度。

齿轮断齿（如图 1-14 所示）大多数情况下是由弯曲疲劳（属高周疲劳）造成的，设计时除要求齿根处要有足够的强度外，还应采用含碳量低的渗碳钢，进行喷丸处理提高渗碳层的表面压应力。当齿轮承受较大冲击载荷时，可采用含镍的合金渗碳钢。

图 1-14　齿轮断齿

能力拓展

（1）参加力学性能实验。

1）拉伸实验：要求会正确使用拉伸试验机及游标卡尺，能准确测试试样的直径、标距，会应用公式计算抗拉强度 R_m、下屈服强度 R_{eL}、延伸率 A、断面收缩率 Z。

2）硬度实验：要求会正确使用洛氏硬度及布氏硬度试验机，会测试读取实验数据。

3）冲击试验：要求会正确使用夏比摆锤冲击试验机，熟悉 V 形、U 形缺口冲击试样，会测试读取实验数据。

4）写出拉伸及硬度实验报告：实验目的、实验器材、实验原理、实验步骤、试样尺寸、实验数据计算或测试读取数据。

（2）会查机械设计手册、材料手册、五金手册，会查取计算抗压强度、抗剪强度、抗扭强度和抗弯强度，会参照使用国内外常用钢号对照表。

本章练习

一、填空题

1. 力学性能是指金属在外力作用下所表现出来的性能，力学性能包括_____、塑性、硬度、冲击韧性及疲劳强度等。

2. 弹性模量表示金属材料抵抗弹性变形的能力；工程上将材料抵抗弹性变形的能力称为_____。

3. 除低碳钢、中碳钢及少数合金钢有屈服现象外，大多数金属材料没有明显的屈服现象。因此，这些材料规定用产生 0.2% 残余伸长时的应力作为_____，可以替代 R_{eL}，称为条件屈服强度，计为 $R_{p0.2}$。

4. 用 U 形和 V 形缺口试样测得的冲击吸收能量分别用 KU 和 KV 表示。如 KU2 就表示 U 形冲击试样在 2mm 刀刃下的冲击吸收能量。冲击吸收能量越大,说明材料的_____越好。

5. 弹性模量_____是指金属材料在弹性状态下的轴向拉伸应力与相应的应变的比值。

6. 试样拉断后,缩颈处横截面积的变化量与原始横截面面积的百分比称为断面收缩率,用符号_____表示。

7. 疲劳破坏前没有明显的变形,断裂前_____预兆。

二、判断题

1. 屈服强度是工程技术中最重要的力学性能指标之一,设计零件时常以 R_{eL} 或 $R_{p0.2}$ 作为选用金属材料的依据。(   )

2. 试样拉断后,标距的伸长量与原始标距之比的百分率称为伸长率,用符号 A 表示。(   )

3. 材料的强度高,其硬度就高,所以刚度大。(   )

4. 衡量材料塑性的指标主要有伸长率和冲击韧性。(   )

5. 受冲击载荷作用的工件,考虑机械性能的指标主要是疲劳强度。(   )

6. 冲击韧性是指金属材料在载荷作用下抵抗破坏的能力。(   )

7. 在交变应力作用下,虽然零件所承受的应力低于材料的屈服点,但经过较长时间的工作后产生裂纹或突然发生完全断裂的现象。(   )

8. 对于黑色金属,一般规定应力循环 10^7 周次而不断裂的最大应力为疲劳强度;有色金属、不锈钢等取 10^8 周次而不断裂的最大应力为疲劳强度。(   )

三、选择题

1. 用测量压痕两对角线长度,取其平均值 d;计算出压痕表面所承受的平均应力值再乘以 0.102,即为维氏硬度值,用符号(   )表示。

A. HV   B. HBW   C. HRC

2. 表示金属材料屈服强度的符号是(   )。

A. R_e B. R_s C. R_{-1}

3. 表示金属材料弹性极限的符号是(   )。

A. R_e B. R_s C. R_{-1}

4. 金属在静载荷作用下抵抗塑性变形或断裂的能力称为(   )。根据载荷作用方式不同,强度可分为抗拉强度、抗压强度、抗弯强度、抗剪强度和抗扭强度,一般情况下多以抗拉强度作为判别金属强度高低的指标。

A. 强度   B. 硬度   C. 塑性

5. 在作疲劳试验时,试样承受的载荷为(   )。

A. 静载荷   B. 冲击载荷   C. 交变载荷

6. 金属材料抵抗冲击载荷作用而不破坏的能力称为（　　）。

A. 冲击力　　　　　B. 冲击载荷　　　　　C. 冲击韧性

四、名词解释

屈服强度　抗拉强度　布氏硬度　洛氏硬度

五、简单题

1. 产生疲劳断裂的原因是什么？
2. 提高疲劳强度的途径有哪些？

第二章 钢的热处理

在图 2-1 中,通常称 PSK 线为 A_1 线,称 GS 线为 A_3 线,称 ES 线为 A_{cm} 线。而该线上的相变点,则相应地用 A_1 点、A_3 点、A_{cm} 点(平衡相变点)来表示。

在实际生产中,加热速度和冷却速度都比较快,故其相变点在加热时要高于平衡相变点,冷却时要低于平衡相变点,且加热和冷却的速度越大,其相变点偏离平衡相变点也越大。为了区别于平衡相变点,将加热时的各相变点用 A_{c1}、A_{c3}、A_{ccm} 表示;冷却时的各相变点用 A_{r1}、A_{r3}、A_{rcm} 表示。

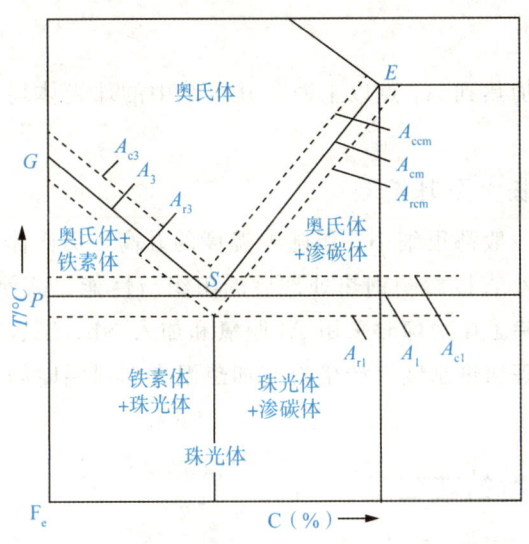

图 2-1 加热和冷却时碳钢的相变点在 $Fe-Fe_3C$ 相图上的位置

第一节 温度变化对钢的影响

- 了解钢在温度变化下的转变；
- 掌握过冷奥氏体等温转变产物的组织与性能。

在热处理生产中，常用的有等温冷却与连续冷却两种冷却方式。等温冷却是把加热到奥氏体状态的钢，快速冷却到 A_{r1} 以下某一温度，并等温停留一段时间，使奥氏体发生转变，然后再冷却到室温。连续冷却是把加热到奥氏体状态的钢，以不同的冷却速度（如炉冷、空冷、油冷、水冷等）连续冷却到室温。实验表明，同一种钢的奥氏体化的条件相同，但冷却条件不同时，所获得的组织与性能将有明显差异。

一、钢在加热时的转变

1. 钢的奥氏体化

任何成分的碳钢加热到 A_1 点以上时，其组织中的珠光体均转变为奥氏体，称为"奥氏体化"。

2. 奥氏体晶粒长大及其控制

奥氏体起始晶粒一般都很细小，但随着温度的升高，奥氏体晶粒将不断长大。高温下奥氏体晶粒的大小直接影响钢热处理后的组织与性能。欲使钢在热处理加热时，奥氏体晶粒不粗化，除了在冶炼时采用 Al 脱氧和加入 Nb、Ti、V 等合金元素外，还必须制定合理的热处理加热制度（严格控制加热温度和保温时间，以免发生晶粒粗大的现象）。

二、钢在冷却时的转变

1. 过冷奥氏体（在 A_1 温度以下、处于不稳定状态的奥氏体）的等温转变

（1）过冷奥氏体等温转变曲线。过冷奥氏体等温转变曲线是利用过冷奥氏体转变产物的组织形态和性能的变化来测定的。由于其形状与字母"C"相似，故又称它为"C 曲线"（见图 2-2）。

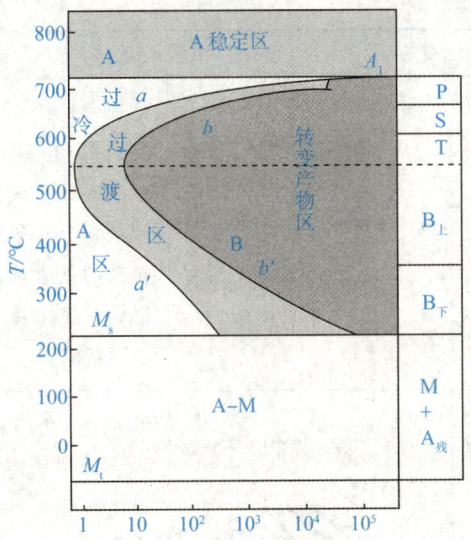

图 2-2 共析钢过冷奥氏体等温转变曲线

（2）过冷奥氏体等温转变产物的组织与性能（见表 2-1）。

表 2-1 过冷奥氏体等温转变产物的组织与性能

定义	名称	符号	组织形态		性能特点
珠光体是铁素体和渗碳体的细密混合物，分为层状珠光体和粒状珠光体两种	珠光体型组织	珠光体 P	球光体	在 A_1～650℃形成的珠光体（粗片状铁素体和渗碳体，片层间距较大）	强度较高，硬度为 170～220HBW，有一定的塑性，具有较好的综合力学性能
		索氏体 S	索氏体	在 650～600℃形成的细片状珠光体（称为索氏体，间距较小）	硬度为 230～320HBW，具有很好的综合力学性能
		屈氏体 T	屈氏体	在 600～550℃形成的极细片状珠光体（称为屈氏体或托氏体，间距极小）	硬度为 330～400HBW，具有极好的综合力学性能

（续表）

定义	名称	符号	组织形态	性能特点
贝氏体是由含过饱和碳的铁素体与弥散分布的渗碳体（或碳化物）组成的非层状两相组织，用B表示	贝氏体型组织 上贝氏体	$B_上$	上贝氏体 形成温度550～350℃，上贝氏体中渗碳体呈较粗的片状，分布于平行排列的铁素体片层之间，显微镜下呈羽毛状组织	上贝氏体硬度为40～45HRC，强度低，塑性很差，基本上没有使用价值
	下贝氏体	$B_下$	下贝氏体 形成温度350～M_s，下贝氏体中的碳化物呈细小颗粒状或短杆状，均匀分布在铁素体内，显微镜下呈黑色针叶状组织	下贝氏体硬度为45～55HRC，具有较高的强度、硬度、耐磨性及良好的塑性和韧性
马氏体是碳在α-Fe过饱和固溶体，用M表示。230℃以下发生M转变，这称为马氏体转变开始温度（M_s）、马氏体转变终了温度（M_f）	马氏体型组织 低碳马氏体	M	低碳马氏体 形成温度M_s～M_f，低碳马氏体为一束束相互平行的细条状，故也称为板条状马氏体	低碳马氏体具有较高的断裂韧度、较低的韧脆转变温度及良好的塑性与韧性，是强韧性很好的组织
	高碳马氏体		高碳马氏体 形成温度M_s～M_f，高碳马氏体断面呈针叶状或竹叶片状，也称针状马氏体（或片状马氏体）	高碳马氏体的强度均在60HRC以上，硬度高、脆性大

2. 过冷奥氏体的连续冷却转变

在热处理生产中，常采用连续冷却，如一般的水冷淬火、空冷正火和炉冷退火等。常用连续冷却曲线与等温转变图叠加来近似分析连续冷却转变的产物。如图2-3所示为用共析钢等温转变曲线分析过冷奥氏体的连续冷却转变。

图2-3中，v_1、v_2、v_3、v_4四种冷却速度分别代表热处理中常用的炉冷（如退火）、空冷（如正火）、油冷（油淬）、水冷（水淬），根据其与"C曲线"相交的温度范围，可定性地分析其连续冷却转变形成的产物。v_k为临界冷却速度，即冷却时获得全部马氏体的最小冷却速度。

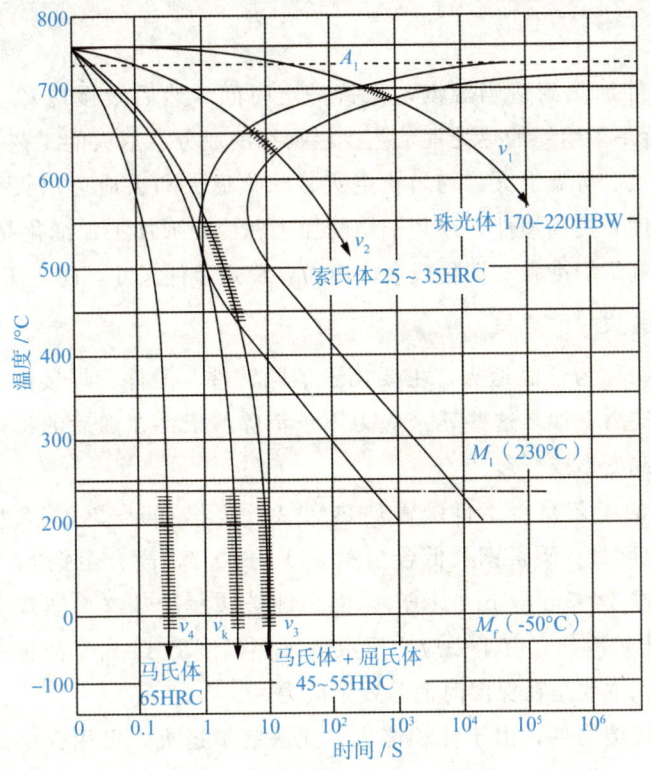

图 2-3 用共析钢等温转变曲线分析过冷奥氏体的连续冷却转变

第二节 钢的退火与正火

学习目标

- 了解退火目的；
- 知道去应力退火加热温度和冷却方法；
- 知道完全退火亚共析碳钢加热温度和冷却方法；
- 知道正火的加热温度和冷却方法；
- 会熟练运用退火、正火工艺曲线。

基础知识

退火或正火除经常作为预备热处理工序外，对一些普通铸件、焊接件以及一些性能要求不高的工件，常作为最终热处理工序。

一、退火

退火是将钢件加热到适当温度,保持一定时间,然后缓慢冷却(通常是随炉冷却),以获得接近平衡组织的热处理工艺。根据钢的成分、退火的工艺与目的不同,退火可分为完全退火、等温退火、均匀化退火、球化退火和去应力退火等几种。退火的目的是:降低硬度,提高塑性,以利于切削加工和冷变形加工;细化晶粒,均匀组织,为后续热处理做好组织准备;消除残余内应力,稳定零件尺寸,防止工件变形与开裂。

1. 去应力退火

去应力退火又称为低温退火,主要用于消除铸件、锻件、焊接件、冷冲压件以及机加工件的残余应力。如果这些残余应力不予消除,工件在随后的机械加工或长期使用过程中,将引起变形或开裂。

去应力退火的工艺是将工件缓慢加热到 A_{c1} 以下 100~200℃,加热速度 100~150℃/h,加热温度为:碳素钢及低合金钢 550~650℃、高合金钢 600~750℃。保温一定时间(一般按 3~5min/mm 计算),然后随炉缓缓冷却(冷速按 50~100℃/h 计算)至 200℃再出炉冷却。由于去应力退火的加热温度低于 A_1,故钢在去应力退火过程中不发生相变,主要是在保温时消除残余应力。

一些大型焊接结构件,由于体积庞大,无法装炉退火,可用火焰加热或感应加热等局部加热方法,对焊缝及热影响区进行局部去应力退火。

2. 完全退火

完全退火主要用于亚共析成分的碳钢和合金钢的铸件、锻件及热轧型材,有时也用于焊接结构件。其目的是细化晶粒、消除内应力与组织缺陷、降低硬度,为随后的切削加工和淬火做好组织准备。

完全退火工艺是将亚共析碳钢工件加热到 A_{c3} 以上 30~50℃。加热速度(主要根据钢的成分、工件的尺寸和形状等因素来确定)为:碳素钢 200℃/h、低合金钢 100℃/h、高合金钢 50℃/h;对高碳高合金钢及形状复杂的或截面大的工件,一般应进行预热或采用低温入炉随炉升温的加热方式,以免在加热过程中,引起变形与开裂。

保温一定时间,随炉缓慢冷却到 600℃以下,再出炉在空气中冷却,以获得接近平衡组织的退火工艺。保温目的是保证工件内外温度一致(穿透加热)和保证奥氏体中碳化物充分溶解及成分均匀化(组织转变完全)。

保温时间(碳素钢一般为 1.5~2min/mm)与工件的形状、尺寸、加热介质、钢种、装炉量、炉温等都有关系。在一般情况下,估算公式为:碳钢保温时间 $t=D/25$,合金钢保温时间 $t=D/20$。工件有效厚度 D(mm)的确定:①轴类零件以直径作为有效厚度;②板类零件以板厚作为有效厚度;③套筒类零件,当内孔直径 $d_{内}$<厚壁 h 时,有效厚度 D=外径 $d_{外}$,$d_{内}$>h,则 $D=h$;④圆锥类零件以离小头 2/3 处的直径作为有效厚度;⑤复杂零件以其主要工作部分的有效厚度作为零件的有效厚度。

退火后的冷却速度应缓慢,以保证奥氏体在过冷度较小情况下发生珠光体转变。碳钢冷却速度为100~200℃/h(随炉冷却)、一般合金钢冷却速度为50~100℃/h、高合金钢冷却速度为20~50℃/h。为了缩短生产周期,一般缓冷至600~500℃,便可出炉空冷。

3. 等温退火

等温退火的退火工艺是将亚共析钢加热到A_{c3}以上30~50℃,共析钢和过共析钢加热到A_{c1}以上20~40℃奥氏体化后,以较快速度冷却到珠光体转变温度区间的某一温度,等温一段时间,使奥氏体在等温中发生珠光体转变,然后又以较快冷却(一般为空冷)冷至室温。因此,等温退火不仅可以有效地缩短退火的时间、提高生产率,而且工件内外都是处于同一温度下发生组织转变,故能获得均匀的组织与性能。保温时间的选择:一般情况下,碳钢保温时间1~2h,合金钢保温时间3~4h。

4. 球化退火

球化退火主要用于共析或过共析成分的碳钢和合金钢,其目的是使钢中的碳化物球化,以降低硬度、改善切削加工性,并为淬火作好组织准备。

过共析碳钢经热轧、锻造后,组织中会出现层状珠光体和二次渗碳体网,这不仅使钢的硬度增加、切削加工性变坏,而且淬火时易产生变形和开裂。为了克服这一缺点,可采用球化退火,使珠光体中的层状渗碳体和二次渗碳体网都能球化,变成球状(粒状)的渗碳体。这种在铁素体基体上均匀分布着球状(粒状)渗碳体的组织,称为粒状珠光体。

一般球化退火的工艺是把过共析钢加热到A_{c1}以上20~30℃,保温一定时间,然后缓慢冷却(冷却速度可在20~50℃/h之间,根据钢种选择)到500℃以下再出炉空冷。

5. 均匀化退火(扩散退火)

均匀化退火主要用于合金钢铸锭和铸件,目的是为了消除铸造中产生的枝晶偏析,使成分均匀化。均匀化退火通常在铸锭开坯或铸造后进行,它是把钢加热到A_{c3}以上150~200℃(通常为1000~1200℃)保温10~15h,然后随炉缓冷到350℃,再出炉冷却。

加热速度控制在100~200℃/h,保温时间通常按工件有效厚度核算,为2~3min/mm,加热参数的选择还需考虑铸件种类、成分和尺寸等因素。一般情况下,碳素钢铸件保温温度为950~1000℃,低合金钢铸件保温温度为1000~1050℃、高合金钢铸件保温温度为1050~1100℃,高合金钢锭保温温度为1100~1250℃。为避免过烧,加热温度必须低于固相线100℃左右。

均匀化退火需要时间很长,工件烧损严重,是一种成本很高(能耗很大)的工艺,所以它主要用于质量要求高的优质高合金钢的铸锭和铸件。

二、正火

正火是将钢加热到相变点（A_{c3}、A_{ccm}）以上完全奥氏体化后，再在空气中冷却以得到以较细珠光体为主的组织的热处理工艺。

1. 正火工艺

正火的加热温度比退火高，一般为 A_{c3} 或 A_{ccm} 以上 30～80℃。保温时间主要取决于工件有效厚度和加热炉的形式，如在箱式炉中加热时，可以每毫米有效厚度保温 1min 计算。保温后一般可在空气中冷却，但一些大型工件或在气温较高的夏天，有时也采用吹风或喷雾冷却。

正火的目的是：对于低碳钢，主要是提高硬度、利于切削加工，消除魏氏体组织的有害作用；对于中碳的亚共析钢，主要是细化晶粒，均匀组织，去除应力；对于力学性能要求不高的普通的结构零件，正火可作为最终热处理；对于高碳钢的过共析钢，主要是消除网状或块状渗碳体，有利于球化退火，为淬火做好组织准备。

2. 正火后组织与性能

正火实质上是退火的一个特例。两者不同之处主要在于正火的冷却速度较快，过冷度较大，因而发生了伪共析转变，使组织中珠光体量增多，片层间距变小。正火后的显微组织只存在着伪共析的珠光体或索氏体，正火后的强度、硬度、韧性都比退火后的高，且塑性也不会降低。

3. 正火的应用

与退火相比，正火处理后的钢的力学性能高，且其操作简便、生产周期短、能量耗费少，故在可能条件下，应优先考虑采用正火处理。目前正火主要应用于以下几个方面：

（1）作为预备热处理，使组织粗大的铸件和锻件达到组织均匀、细化，为淬火和调质作准备。

（2）作为最终热处理，提高钢的强度、韧度和硬度，对于力学性能要求不高的普通结构钢件，可在正火状态使用。

（3）改善低碳钢和低碳合金钢的切削加工性，一般认为硬度在 160～230HBW 范围内的金属，其切削加工性较好。硬度过高时不但难以加工，而且刀具容易磨损；但硬度过低时，切削加工中易"黏刀"，使刀具发热和磨损，且加工后零件表面粗糙度值也高。

> **思维训练**
>
> 【例1】指出下列钢件正火的目的及组织：①20 钢齿轮；②45 钢小轴；③T12 钢锉刀。
>
> 【答】①20 钢齿轮：属于亚共析低碳钢金相组织为 F＋P，正火的目的是使珠光体量增加且片层间距变细、硬度提高、改变切削加工性。
>
> ②45 钢小轴：属于亚共析钢金相组织为 F＋P，正火的目的是预先热处理，消除内部组织缺陷、减少淬火时的变形倾向。

③T12 钢锉刀：属于过共析钢金相组织为 P 和网状 Fe_3C_2，正火的目的消除过共析钢网状 Fe_3C_2，因为正火冷却速度比较快，Fe_3C_2 来不及沿晶界呈网状析出。

【例 2】为什么亚共析钢经正火后，可获得比退火高的强度与硬度？

【答】主要在于正火的冷却速度较快，过冷度较大，因而发生了伪共析转变，使组织中珠光体量增多，片层间距变小。由于正火与退火后钢的组织存在差别，所以正火后的强度、硬度、韧性都比退火后的高，且塑性也不会降低。

应用实例

（1）铸钢渣灌完全退火热处理工艺。铸钢渣灌完全退火热处理工艺如图 2-4 所示。

材质：ZG230－450。

热处理方法：退火。

说明：铸件随炉升温至 880℃，保温 5h，随炉冷却。试棒随炉热处理。

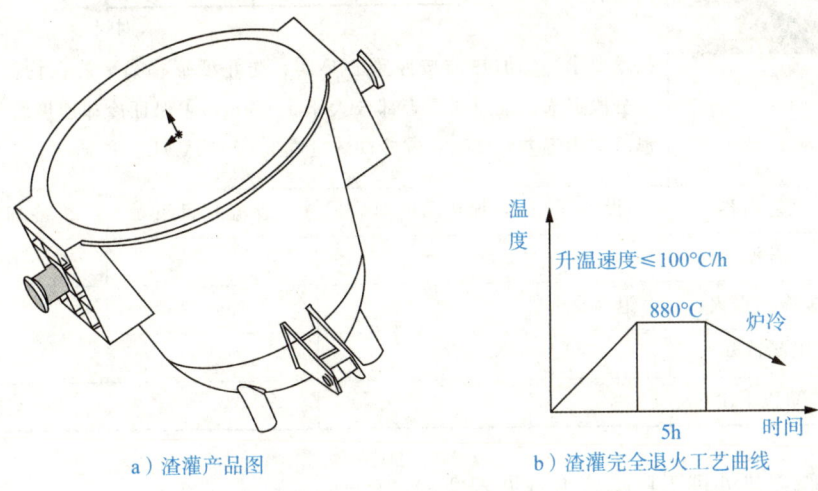

a）渣灌产品图　　b）渣灌完全退火工艺曲线

图 2-4　铸钢渣灌完全退火热处理工艺

（2）ZG270－480H 耳轴正火热处理。ZG270－480H 耳轴正火热处理如图 2-5 所示。

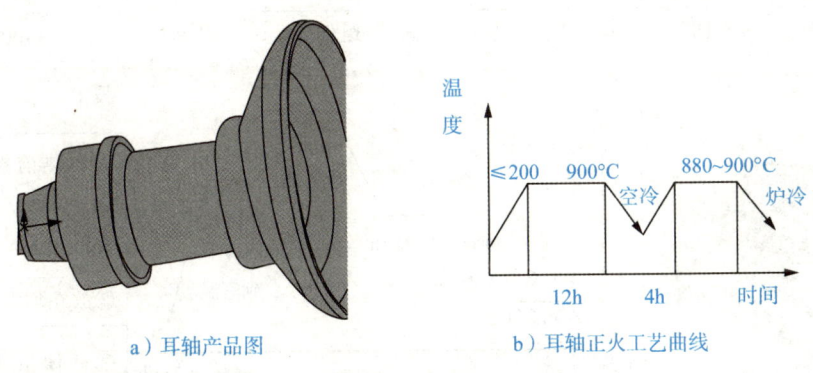

a）耳轴产品图　　b）耳轴正火工艺曲线

图 2-5　ZG270－480H 耳轴正火热处理

①铸件（带冒口）随炉升温至900℃，保温12h，空冷至室温。

②铸件切割冒口后，随炉升温至880～900℃，保温4h后炉冷。

（3）车架焊接件退火热处理工艺卡（见表2-2）。

表2-2 车架焊接件退火工艺卡

产品名称		零件名称	车架	材质	焊接件	生产号	
产品图号		零件图号		Q235	组件	质量	17860kg
\<工艺曲线图\>							
技术要求：①加热前按照重心垫实，防止变形；②平放在均温区加热；③分段退火保证退火重合部分大于1.5mm；④保证冷却速度缓慢；⑤保温时炉内温差≤85℃；⑥冷却速度在55－280℃/h							
工序	工艺内容	设备		加热温度/℃	保温时间/h		冷却介质
1	升温						50～100℃/h
2	去应力退火	退火窑		595～615	1.5～2		
3	随炉冷却						
4	300℃以下出炉						空冷

（4）阀盖热处理工序工艺卡（见表2-3）。

表2-3 阀盖热处理工序工艺卡

产品名称	零件名称	阀盖	材料牌号	焊接件	生产号	
产品图号	零件图号		规格	组件	质量	1400kg

工艺曲线：室温→120℃保温3h→70℃保温1h→300℃保温1h→600℃保温2h→炉冷至260℃炉门开一半直到室温

技术要求：

①加热前按照重心罩平、垫实，防止变形

②放在均温区加热

③整体退火，消除焊接应力

(续表)

工序	工艺内容	设备	加热温度/℃	保温时间/h	冷却介质	备注
11	升温	台车炉	120	3		15℃/h,保证升温时间≥7h
22	升温	台车炉	170	1		25℃/h,升温时间2h
33	升温	台车炉	300	1		25℃/h,升温时间5h
44	保温	台车炉	600	2		50℃/h,升温时间6h
55	冷却	台车炉	无		炉冷	炉冷至260℃
66	冷却	台车炉	无		炉冷	≤260℃炉门开一半直至室温

第三节 钢的淬火

- 了解亚共析碳钢、共析、过共析碳钢的加热温度和冷去发放;
- 了解钢的淬透性和淬硬性;
- 会熟练运用淬火工艺曲线。

基础知识

将钢加热到 A_{c3} 或 A_{c1} 点以上某一温度,保温一定时间使其奥氏体化后,以适当方式进行快速冷却,从而获得马氏体或贝氏体组织的热处理工艺,称为淬火。它是强化钢材最重要的热处理方法。

常用的热处理台车炉(见图2-6)分为电加热、燃油加热、燃气加热三种不同类型,可用于1300℃以上和500℃以下更广泛的热处理温度,供各种机械零件热处理。

图2-6 台车式热处理炉

一、淬火工艺

1. 淬火加热温度

钢的化学成分是决定其淬火加热温度的最主要因素,因此碳钢的淬火加热温度可利用 Fe—Fe_3C 相图来选择。其淬火加热温度原则上为:

亚共析碳钢淬火加热温度　　　　　$T = A_{c3} + 30 \sim 70℃$;

共析、过共析碳钢淬火加热温度　　$T = A_{c1} + 30 \sim 70℃$

2. 淬火加热时间

一般工件淬火加热升温与保温所需的时间常合在一起计算,统称为加热时间。工件的加热时间与钢的成分、原始组织、工件形状和尺寸、加热介质、装炉方式、炉温等许多因素有关,因此要确切计算加热时间是比较复杂的。目前生产中,常根据工件有效厚度,用下列经验公式确定加热时间

$$t = \alpha K D$$

式中,t 为加热时间(min);

　　　α 为加热系数(min/mm);

　　　D 为工件有效厚度(mm);

　　　K 为工件装炉方式修正系数。

加热系数 α 表示工件单位有效厚度所需的加热时间,其值的大小主要与钢的化学成分、工件尺寸和加热介质有关,如表 2-4 所示。

表 2-4　常用钢的加热系数 α (单位:min/mm)

钢的种类	工件直径/mm	<600℃ 箱式炉中加热	750~850℃ 盐浴炉中加热或预热	800~900℃ 箱式炉或井式炉加热	1100~1300℃ 高温盐炉中加热
碳钢	≤50		0.3~0.4	1.0~1.2	
	>50		0.4~0.5	1.2~1.5	
合金钢	≤50		0.45~0.5	1.2~1.5	
	>50		0.5~0.55	1.5~1.8	
高合金钢		0.35~0.40	0.3~0.35		0.17~0.20
高速钢			0.65~0.85	0.30~0.35	0.16~0.18

3. 淬火冷却介质

理想冷却介质的冷却能力是既能获得马氏体又不使钢件造成大的内应力。由"C曲线"可知,在650℃以上时,在保证不生成非马氏体组织的前提下,冷却速度应当尽可能缓慢、以减少内应力;在650~450℃范围应当快速冷却,避免"C曲线"的"鼻尖",防止奥氏体中途转变为非马氏体;在300~200℃范围,要求缓慢冷却,减少内应

力。淬火理想冷却速度如图 2-7 所示。

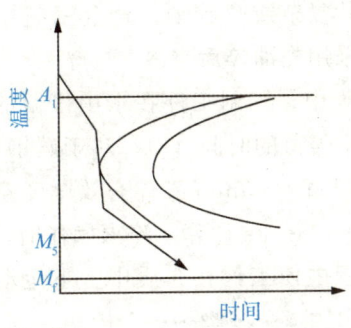

图 2-7　淬火理想冷却速度

4. 常用淬火介质

目前生产中，应用较广的淬火介质有水、油及盐或碱的水溶液。

（1）水：水的冷却特性并不理想，因为水在 650～500℃ 的温度下冷却速度很小，而在 300～200℃ 下的冷却速度反而增大，因此容易造成钢件过大的内应力，导致开裂和变形；其次，水温越高，其冷却能力越小，故水温一般不能超过 40℃。

（2）油在 300～200℃ 范围的冷却能力小，可以减少钢件的变形；但在 650～550℃ 的冷却能力也小；不利于淬硬，通常作为合金钢的淬火冷却介质。

（3）食盐水溶液：其冷却能力提高到约为水的 10 倍，易获得高而均匀的硬度，防止软点产生。食盐水溶液对工件有一定的锈蚀作用，淬火后工件必须清洗干净。

目前国内外热处理生产中研制了许多使用效果较好的新型淬火介质（如乙烯醇水溶液），这是很值得关注的发展方向。

二、淬火方法

1. 单液淬火法

把奥氏体化的工件投入一种淬火介质中，一直冷至室温的淬火，称为单液淬火法，常用于形状简单的工件淬火。

2. 预冷淬火法

把奥氏体化的工件从加热炉中取出后，先在空气中预冷到一定温度，再投入淬火介质中冷却，称为预冷淬火法。

对于一般碳素钢及低合金钢，预冷时间 t（s）估算公式

$$t = 12 + RD$$

式中，D 为工件危险截面处厚度（mm），一般指工件最薄处；

R 为与工件有关的系数，一般为 3～4s/mm。

3. 双液淬火法（又称双介质淬火法）

先把奥氏体化的工件投入冷却能力较强的介质中，冷却到稍高于 M_s 温度，再立即

转入另一冷却能力较弱的介质中，使之发生马氏体转变的淬火称为双液淬火法。目的是避免变形、开裂，用于形状复杂或高碳钢、合金钢制作的大型工件。碳钢通常采用先水淬后油冷，合金钢通常采用先油淬后空冷。

在水冷、油冷的双液淬火中，控制工件在水中停留的时间是关键。目前，生产上多采用经验公式来估算在水中停留的时间（s）。对于碳钢件一般以每 3mm 工件有效厚度停留 1s、形状复杂件一般以每 4~5mm 工件有效厚度停留 1s、大截面低合金件一般以每 1mm 工件有效厚度停留 1.5~3s 计算。淬火操作时，由水转入油中动作要快，时间尽量缩短，并要在冷却过程中使工件在介质中上下运动，冷却均匀。此外还有水声判断法（工件淬火入水后发出"咝……咝……"响声，随工件温度降低声音逐渐变弱，在声音消失之前瞬间出水入油）和振动判断法（工件淬火入水后吊具会明显振动，随工件温度降低振动逐渐变弱，当振动大为减弱时立即出水入油）。

4. 马氏体分级淬火法

把奥氏体化的工件先投入温度在 M_s 附近的盐浴或碱浴中，停留适当时间，待钢件的内外层都达到介质温度后取出空冷，以获得马氏体组织的淬火，称为分级淬火法。分级淬火法适用于截面尺寸不大、形状较复杂和变形要求严的小型件，高速钢和高合金钢的模具常用此法淬火。

5. 贝氏体等温淬火法

把奥氏体化的工件投入温度稍高于 M_s 的盐浴或碱浴中，保温足够时间，使其发生下贝氏体转变后取出空冷，这种方法称为等温淬火法，又称为贝氏体等温淬火。适用于合金钢、高碳钢的小尺寸零件及球墨铸铁件。

6. 局部淬火法

有些工件由于其工作条件，只要求局部高硬度，可对工件需要硬化的部位进行加热淬火，这种工艺称为局部淬火。

三、钢的淬透性及影响因素

1. 钢的淬透性指在淬火时获得淬硬层的能力

淬硬层通常是指钢件表面到半马氏体层（马氏体占 50%）之间的区域。不同的钢的淬硬层深度不同。淬透性与淬硬性的含义是不同的，淬硬性指钢淬火能够达到的最高硬度，主要取决于马氏体的含碳量。

必须注意，钢的淬透性和淬硬性是两种完全不同的概念，切勿混淆。钢的淬硬性是指钢在淬火后能达到最高硬度的能力，它主要取决于马氏体的含碳量。淬透性好的钢，它的淬硬性不一定高。如低碳合金钢的淬透性相当好，但它的淬硬性却不高；再如高碳工具钢的淬透性较差，但它的淬硬性很高。

2. 临界直径

临界直径是一种直观衡量淬透性的方法，是钢在某种淬火介质中冷却后，芯部能得到半马氏体组织的最大直径。显然,同一钢种在冷却能力大的介质中,比冷却能力小的介质中所得的临界直径要大。但在同一淬火介质中,钢的临界直径越大,则其淬透性越好。

淬透性(GB/T225—2006)对钢的力学性能影响很大,如果选用的钢淬透性较高,钢件的全部截面都能够淬火成马氏体,通过回火可获得一致的力学性能;反之,如果钢的淬透性较低,钢件芯部不能获得马氏体,则回火后的表面和芯部在力学性能上存在较大差异,可能导致工件在使用中发生开裂、损坏。因此钢的淬透性是机械零部件选材和制定热处理工艺的重要依据。

思维训练

【例1】比较下列情况45钢和T12钢的硬度,并说明原因。

①45钢加热到700℃后,投入水中快冷;②45钢加热到750℃后,投入水中快冷;③45钢加热到840℃后,投入水中快冷;④T12钢加热到700℃后,投入水中快冷;⑤T12钢加热到750℃后,投入水中快冷;⑥T12钢加热到900℃后,投入水中快冷。

【答】①45钢加热到700℃后,投入水中快冷:属于亚共析钢在A_1(727℃)线以下,组织组分为F+P、淬火后组织不变,硬度数值较低。

②45钢加热到750℃后,投入水中快冷,属于亚共析钢在A_1(727℃)线以上、A_3线以下,组织组分为F+A、淬火后组织为F+M,硬度数值较高。

③45钢加热到840℃后,投入水中快冷,属于亚共析钢在A_3线以上,组织组分为单相A、淬火后为M组织,硬度数值高,可达52~60HRC。

④T12钢加热到700℃后,投入水中快冷,属于过共析钢在A_1(727℃)线以下,组织组分为P+Fe_3C_2(粒状)、淬火后组织不变,硬度数值并不是很高。

⑤T12钢加热到750℃后,投入水中快冷,属于过共析钢在A_1(727℃)线以上,A_{cm}线以下,组织组分为A+Fe_3C_2(粒状)、淬火后组织为M+Fe_3C_2(粒状),硬度高,性能最好。

⑥T12钢加热到900℃后,投入水中快冷,属于过共钢析在A_{cm}线以上,组织组分为A。淬火后组织M+Fe_3C_2(网状),性能变差,硬度也不是很好。

【例2】将C=1.0%、C=1.2%的碳钢(C为含碳量)同时加热到780℃进行淬火,问:

①淬火后各是什么组织?②淬火后马氏体的含碳量及硬度是否相同,为什么?③哪一种钢淬火后的耐磨性更好些,为什么?

【答】①C=1.0%、C=1.2%的碳钢都属于过共析钢淬火后组织M+Fe_3C_{II}(粒状)。

②马氏体的含碳量不同,含碳量大于0.6%后强度和硬度几乎相同。

③因为C=1.2%比C=1.0%的碳钢Fe_3C(粒状)多,所以C=1.0%的碳钢耐磨性好。

【例3】有一批35钢制成的螺钉,混入T10和10钢,若仍按35钢进行淬火、回火热处理时,能否达到要求?为什么?

【答】不能。35 钢为中碳钢,属于亚共析钢,淬火温度 $t=A_{c3}+30 \cdot 70℃$、高温回火(500~600℃)可获得回火索氏体;10 钢为低碳钢,高温回火不能获得回火索氏体组织,T12 钢属于过共析钢,淬火温度 $t=A_{c1}+30\sim70℃$,获得的组织不能满足性能要求。

【例 4】 有一批 T12 钢制成的丝锥,混入 45 钢,问:

①若仍按 T12 钢进行热处理,能否达到要求?为什么?②若按 45 钢进行热处理,能否达到要求?为什么?

【答】①不能。T12 钢属于过共析钢,淬火温度 $t=A_{c1}+30\sim70℃$、低温回火(150~250℃)可获得硬度高且耐磨性好的回火马氏体,45 钢为属于亚共析钢不能获得回火马氏体组织。

②不能。45 钢属于亚共析钢,淬火温度 $t=A_{c3}+30\sim70℃$、高温回火(500~600℃)可获得强度、硬度和塑性、韧性综合性能好的回火索氏体,T12 钢属于过共析钢,不能获得回火索氏体组织。

【例 5】 淬火内应力是怎么产生的?与哪些因素有关?

【答】内应力分为热应力与相变应力,热应力是由于工件在加热和冷却时内外温度不均匀、热胀冷缩先后不一致所造成的;相变应力是由于热处理过程中工件各部位相转变的不同时性所引起的应力。内应力与锻造、预先热处理、淬火、回火等工艺及工件的结构等因素有关。

应用实例

(1)一齿轮如图 2-8 所示,材质为 45 钢、直径 136mm、厚 10mm,调质硬度为 280~300HBW。

图 2-8 齿轮

其调质热处理工艺规范为:箱式电阻炉加热,加热温度 820℃±10℃、保温 2h 后出炉在空气中预冷至 770℃左右(工件有些暗红色)快速入水冷却,在水中冷却 4~6s 后迅速将工件提出水面进行空冷,保证工件出水温度高于 150℃(工件提出水面后,在其表面迅速冒起一股较浓的白色水汽,而其表面颜色即刻为青灰色,其淬火硬度一般大于 52HRC),并立即进行回火处理(回火温度 770℃±10℃、保温时间 1.5h)。

(2)直径为 80mm、长 2000mm 的 40Cr 导柱如图 2-9 所示,调质处理:硬度

240~270HBW、淬硬层深度不小于15mm。

图 2-9 导柱

其热处理工艺规范为:

①淬火。电阻炉加热温度830~840℃,保温80min,淬火介质为水和油(至室温)。在水中停留时间计算(圆柱形工件有效壁厚为外径的1/2)=80/2×(1.5~3)=60~120(s),生产中常取下限,即60~70s。

②回火。电阻炉加热温度580~590℃,保温3h,水冷。

(3) 轴套(45)调质处理工艺卡(见表2-5)

表 2-5 轴套(45)调质处理工艺卡

产品图号		图号		轴套规格		材质	45	需方质量	
(淬火回火曲线图)								技术要求 ①工件尖角、棱边、孔口等边缘倒角,保证过渡处圆滑。 ②周边光滑平整,去毛刺飞边外观保证 硬度要求 HB250~300 偏上线	
工序	工艺内容	设备	加热温度/℃		保温时间/h		冷却介质	备注	
1	淬火	台车炉	830~850		0.5~1		水	自检硬度	
2	回火	台车炉	540~580		1~1.5		空气		
3									

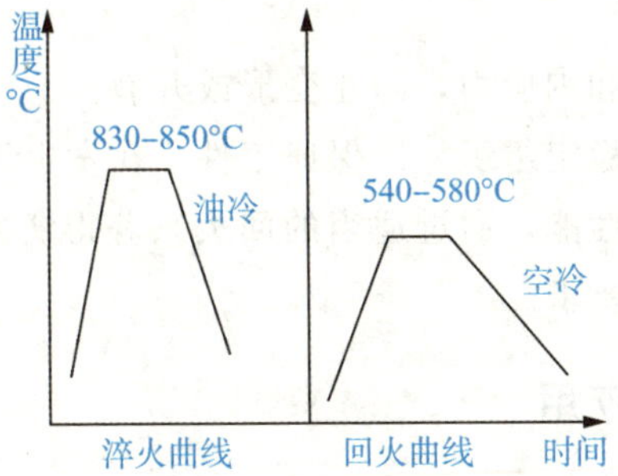

第四节 钢的回火

- 了解回火后金相组织；
- 了解调质热处理的目的；
- 会熟练运用回火及调质工艺曲线。

将淬火钢重新加热到 A_1 以下某一温度，保温一定时间，然后冷却到室温的热处理工艺，称为回火。钢在淬火后一般都要进行回火处理。回火决定了钢在使用状态的组织和性能，因此是很重要的热处理工序。

一、回火目的

（1）降低淬火钢的脆性和内应力，防止变形或开裂。
（2）使淬火组织转变为稳定组织，以保证工件不在发生形状和尺寸的改变。
（3）获得所需要的机械性能，通过适当的回火来获得所要求的强度、硬度和韧性，以满足各种工件的不同使用要求。

二、回火的种类及应用

根据对工件性能要求的不同，按其回火温度范围，可将回火分为低、中、高温回火（见表2-6）。

表2-3 常用的回火方法及应用

回火方法	回火温度	回火组织	性能特点	应用
低温回火	150~250℃	回火马氏体	具有较高的硬度、耐磨性和一定的韧性，硬度为58~64HRC	用于刃具、量具、冷冲模、拉丝模滚动轴承及渗碳件

(续表)

回火方法	回火温度	回火组织	性能特点	应用
中温回火	350～650℃	回火托氏体	具有较高的屈强比、弹性极限、屈服强度和较高的韧性，硬度为40～50HRC	用于弹性零件及热锻模具的热处理
高温回火	500～650℃	回火索氏体	具有良好的综合力学性能，硬度为200～330HBW	调质处理广泛用于汽车、机床的重要构件，如丝杆、螺栓、连杆、齿轮、曲轴

调质热处理：习惯上，将淬火加高温回火相结合的热处理称为调质处理（回火后硬度一般为200～330HBW），其目的是获得强度、硬度和塑性、韧性都较好的综合力学性能。

应当指出，钢经正火和调质处理后的硬度值很相近，但重要的结构零件一般都进行调质处理。这是由于调质处理后的组织为回火索氏体，其渗碳体呈粒状，而正火得到的索氏体中渗碳体呈层片状。因此，钢经调质处理后不仅强度较高，而且塑性与韧性更显著地超过了正火状态。

调质处理一般作为最终热处理，因为调质后钢的硬度不高，便于切削加工，并能获得较低的表面粗糙度值，故也可以作为表面淬火和化学热处理前改善钢件原始组织状态的预备热处理。

除了表2-6中的三种常用的回火方法外，某些高合金钢还在A_1以下20～40℃进行高温软化回火，其目的是获得回火珠光体，以代替球化退火。

此外，生产中某些精密工件（精密量具、精密轴承等），为了保持淬火后的高硬度及尺寸稳定性，常采用100～150℃加热温度，保温10～50h。这种低温长时间的热处理，称为稳定化处理。

必须指出，回火温度是决定工件回火后硬度的主要因素，但随着回火时间的增长，工件硬度也将下降。确定回火时间（见表2-7）的基本原则是保证工件穿透加热，以及组织转变能够充分进行。实际上，组织转变所需时间一般不大于0.5h，而穿透加热时间则随温度、工件的有效厚度、装炉量及加热方式等的不同而波动较大，一般为1～3h。回火后的冷却对碳钢的性能影响不大，但为了避免重新产生内应力，一般在空气中缓慢冷却。

表 2-7 回火保温时间

回火方法		工件有效厚度/mm					
		<25	25～50	50～75	75～100	100～125	125～150
低温回火/min		30～60	60～120	120～80	180～40	240～270	270～300
中温回火/min	盐炉	20～40	40～70	70～100	100～130	130～160	160～180
	空气炉	50～90	90～140	140～190	190～20	220～260	260～300
高温回火/min	盐炉	10～30	30～45	45～75	75～90	90～120	120～150
	空气炉	40～70	70～00	100～140	140～180	180～210	210～240

三、回火脆性

淬火钢回火时，随着回火温度的升高，通常强度、硬度降低，而塑性、韧性提高。但在某些温度范围内回火时，钢的韧性不仅没有提高，反而显著降低，这种脆化现象称为回火脆性。

从上述各种回火方法的温度范围中可以看出，一般不在250～350℃进行回火，这是因为淬火钢在这个温度范围内回火时，要发生回火脆性。

思维训练

【例1】退火与回火都可以消除钢中内应力，两者能否通用？为什么？

【答】不能。去应力退火主要是在保温时消除钢中残余内应力，在退火过程中并没有相变发生。回火是通过相变将淬火马氏体、残余奥氏体等不稳定组织转变为不同的稳定回火产物，从而消除钢中内应力。

【例2】45钢经调质热处理后硬度为240HBW：①若再进行200℃回火能否提高硬度？为什么？②45钢经淬火、低温回火后硬度为57HRC，若再进行560℃回火能否降低硬度？为什么？

【答】①45钢调质后获得回火索氏体（其渗碳体呈粒状）稳定的组织，若再进行200℃低温回火，组织无变化，硬度保持240HBW基本不变。

②45钢经淬火、低温回火后获得回火马氏体，若再进行560℃回火，便可获得回火索氏体，使硬度从57HRC降低到240HBW。

【例3】45钢经调质热处理后硬度为220～250HBW，能否依靠减慢回火的冷却速度降低硬度？能否依靠增加回火的冷却速度提高硬度？并说明原因。

【答】不能。回火温度和时间是决定回火后硬度的主要因素，回火的冷却速度对碳钢的性能影响不大。

同一钢材，当调质后和正火后的硬度相同时，两者在组织与性能上也不相同。因为调质处理后可获得回火S组织，其渗碳体呈粒状分布；而正火处理后得到的S组织中，其渗碳体呈层片状。因此，同一钢材经调质后不仅强度高、而且塑性与韧性更显著地超过了正火状态。

应用实例

(1) 精密机床花键轴如图 2-10 所示，材质 40Cr、花键直径 30mm、花键长 528mm、花键轴总长 716mm、两端最细部位轴径 20mm，要求调质后花键轴的硬度为 250HBW。

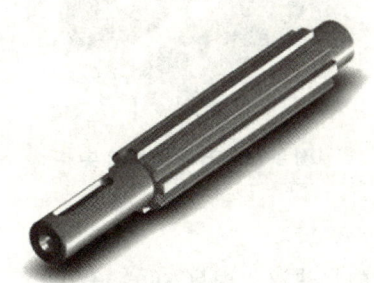

图 2-10 精密机床花键轴

调质热处理工艺规范：加热淬火温度（840～860）℃±10℃、保温时间 2h，油冷；高温回火温度 600℃±10℃、保温时间 2h，空冷。

(2) 隔板套正火＋回火热处理工艺卡（见表 2-8）。

表 2-8 隔板套正火＋回火热处理工艺卡

工件名称	隔板套		零件图号		材质	ZG15Cr2Mo1	质量	1800kg
技术要求	热处理方式				正火＋回火			
	硬度检查			140～201HBW		允许变形		/mm
	金相检验		晶粒度/级		组织			
检验方式					抽检比例	%或件	记录	
选用设备					装炉量	件/炉	装炉方式	
备注					审核		编号	
					日期：			

（3）石油钻杆接头（4.5in）如图 2-11 所示，材质为 42CrMo。要求调质热处理后的技术指标为：外接头表面硬度 285～341HBW、内接头表面硬度 285～321HBW、R_m≥965MPa、$R_{P0.2}$≥927MPa、A≥13%、K_V≥54J。

图 2-11　石油钻杆接头

调质热处理工艺规范：

1）淬火工艺：在箱式炉内加热淬火温度 860℃±10℃、保温时间 1.5h，油冷；
2）回火工艺：高温回火温度（560～600）℃±10℃、保温时间 2h，空冷。

（4）ZG35CrMnSi 调质处理工艺说明。

1）采煤机行走箱壳体如图 2-12 所示，材质 ZG35CrMnSi，调质处理。

图 2-12　采煤机行走箱壳体

①进行无损探伤，清除、修复边面缺陷。
②将尖角打磨成圆角。
③工件的装炉：防止出水时工件的内腔存水。装炉时工件要垫平，垫牢，防止变形。

2）热处理。

①先将工件加热（升温速度 100℃/h）到 900℃、保温 4h，正火处理（此次处理时为了为了保证力学性能，特别是冲击）。
②正火后，冷却至 150～200℃，入炉加热至 880℃保温后进行淬火。淬火预冷——出炉后在吊下过程稍有过冷，温度至 800℃左右入水淬火。
③首次入水冷却时间按工件最薄处考虑，防止过度冷却造成裂纹。如果工件最薄

处 30mm 左右，水冷淬火首次入水时间 20s 左右；如果工件最薄处 60mm 左右，水冷淬火首次入水时间 30s 左右，不超过 40s。以此类推。如果最厚处 200mm，总的冷却时间不超过 400s。水温不超过 45℃。

④二次入水：工件出水，温度升高不应超过 560℃（及暗红色）。反复冷却，直至工件表面温度不超过 500℃。淬火后工间温度不低于 300℃入炉回火。首次试验温度不应超过 520℃，然后再根据实际硬度调整回火温度。

⑤正火、淬火保温时间按每 100mm 保温 30min 计算。回火保温时间按每 100mm 保温 1.5h 计算。

(5) 导叶（见图 2-13）工作流程。

1) 打箱：铸件浇注完毕后，保温 7d 后开始对冒口部位测温，待冒口根部温度小于 200℃以下时打箱除砂，然后立即装炉进行预热热处理。

2) 预热、气割冒口：装炉温度不大于 150℃，铸件随炉加热到 580℃预热，升温速度不大于 60℃/h，保温 8h 后，以不大于 30℃/h 的降温速度炉冷至 250℃，出炉切割冒口，切割冒口时铸件温度不低于 200℃，切割冒口后立即进行热处理。

图 2-13　导叶

3) 热处理：正火＋两次回火。

①预热、正火：装炉温度不大于 150℃，铸件随炉升温到 680℃预热，升温速度不大于 40℃/h 预热 5h 后，铸件随炉升温到 1020℃正火，升温速度不大于 60℃/h，保温 18h，空冷至不大于 80℃。

②第一次回火：装炉温度不太于 80℃，铸件随炉升温到 630℃回火，升温速度小于 60℃/h，保温 20h，空冷至不大于 80℃

③第二次回火：装炉温度不大于 80℃，铸件随炉升温到 580℃正火，升温速度不大于 60℃/h，保温 10h，炉冷至 150℃出炉空冷。

4) 铸件补焊、消除应力回火：焊补区域大于壁厚 25%，深度大于 30mm，面积大于 80mm² 的区域为大缺陷时，必须将缺陷区域预热到 180～250℃再打磨补焊，并进行消除应力回火。

第五节　钢的表面淬火

- 了解表面淬火最适宜的钢种有哪些；
- 掌握生产常用的感应加热表面淬火。

在机械设备中，有不少零件（如齿轮、凸轮、曲轴、活塞销等）是在弯曲、扭转等变动载荷、冲击载荷以及摩擦条件下工作的，零件的表层承受着比心部高的应力，而且表面还要不断的被磨损。因此，这种零件的表层必须强化，使其具有高的硬度和耐磨性，而芯部仍具有足够的塑性与韧性，使其能承受冲击载荷。在这种情况下，若单从钢材的选择入手和采用前述的普通热处理方法，已很难满足其要求。解决办法是进行表面热处理和采取表面处理强化的方法。

一、表面淬火热处理

钢的表面淬火是一种不改变钢表层化学成分，但改变表层组织的局部热处理方法。把钢的表层迅速加热到淬火温度，而芯部仍保持在临界温度以下，立即快速冷却，使表层获得硬而耐磨的马氏体组织，而芯部仍保持着原来塑性、韧性较好的组织不变。表面淬火根据加热方式不同有多种方法，常用的是感应加热淬火和火焰加热淬火。

1. 电感应加热表面淬火

（1）基本原理。如图2-14所示将钢件放入感应线圈中通入交流电、产生交变磁场，在钢件内就会产生与线圈频率相同、方向相反的感应电流（涡流），并且由于电阻作用产生大量热量使钢件加热，随之立即喷水或乳化液使钢件冷却而达到表面淬火的目的。另外，由于交流电的"集肤效应"，钢件中心的电流趋近于零，表面的电流密度最大，因此表面的温度在很短时间内（几秒或几十秒）被加热到淬火温度。

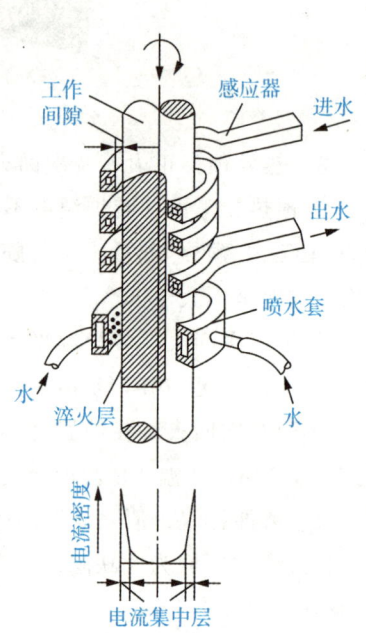

图2-14　感应加热表面淬火示意图

电流透入钢件表面的深度 δ 随着交流电频率 f 的升高而减少，对于碳钢有如下

关系

$$\delta\ (\mathrm{mm}) = 500/f^{-1/2}$$

所以，通过选择交流电频率可以得到不同的淬硬层深度，如图 2-15 所示。

a）轴感应淬火

b）齿轮感应淬火

图 2-15 不同的淬硬层深度

（2）感应淬火用钢。用作表面淬火最适宜的钢种是中碳钢和中碳合金钢，如 40、45、40Cr 和 40MnB 钢等。因为含碳量过高，会增加淬硬层脆性，降低心部塑性和韧性，并增加淬火开裂倾向；若含碳量过低，会降低零件表面淬硬层的硬度和耐磨性。在某些条件下，感应淬火也应用于高碳工具钢、低合金工具钢及铸铁等工件。

（3）感应淬火的应用。根据对表面淬火淬硬深度的要求，应选择不同的电流频率和感应加热设备。目前生产中常用的感应加热表面淬火，如表 2-9 所示。

表 2-5 常用的感应加热表面淬火

常用的感应加热表面淬火	频率范围/kHZ	工率/kW	淬硬层深度/mm	应用举例
高频感应加热	200～300	100～500	0.2～2	主要用于淬硬层较薄、在摩擦条件下的工作零件，如小模数齿轮、小型轴等
中频感应加热	1～10	15～1000	2～8	主要用于淬硬层较深、承受扭矩及压力载荷的零件，如曲轴、模数较大齿轮和直径较大主轴等
工频感应加热	50	100～2000	10～15	主要用于淬硬层深、承受扭矩及压力载荷的大直径零件，如冷轧辊、火车车轮等
超音频感应加热	20～60	—	2.5～3.5	适用于中小模数（3～6）齿轮、花键轴、链轮、凸轮等

感应淬火对工件的原始组织有一定要求。一般铸铁件的组织应是珠光体基体和细小均匀分布的石墨；钢件应预先进行正火或调质处理。

(4) 感应淬火的特点。与普通加热淬火相比，感应淬火有以下几方面的特点：

1) 感应加热速度极快，一般只要几秒到几十秒的时间就可使工件达到淬火温度。因此，相变温度升高，感应淬火温度要比普通加热淬火高几十摄氏度。

2) 由于感应加热速度快、时间短，使奥氏体晶粒细小而均匀，淬火后可在表层获得极细马氏体或隐针马氏体，使工作表层硬度较普通淬火的硬度高出 2～3HRc，且具有较低的脆性。

3) 由于工作表层存在残余压应力，能部分抵消在变动载荷作用下产生的拉应力，从而提高了疲劳极限。

4) 工作表面不易氧化和脱碳，耐磨性好，而且工作变形也较小。

5) 生产率高，适用于大批量生产，而且容易实现机械化和自动化操作，可置于生产流水线上进行程序自动控制。

6) 感应加热设备较贵，维修、调整比较困难。形状复杂零件的感应器不易制造，且不适用于单件生产。

(5) 感应加热表面淬火的加热温度。感应加热无保温时间，因此加热温度要比普通淬火温度高，加热温度与加热速度、钢的化学成分、原始组织状态都有关系，一般为 A_{c1} 以上 50～100℃。常用感应加热表面淬火的加热温度如表 2-10 所示。

表 2-10 常用感应加热表面淬火的加热温度

钢牌号	原始组织	预先热处理	炉内加热的淬火温度/℃	表面淬火的加热温度/℃		
				A_{c1} 以上加热速度 30～60℃/s，加热时间 2～4s	A_{c1} 以上加热速度 100～200℃/s，加热时间 1～1.5s	A_{c1} 以上加热速度 400～500℃/s，加热时间 0.5～0.8s
35	细片状 P+细块状 F	正火	840～860	880～920	910～950	970～1050
	片状 P+F	退火或不处理	840～860	910～950	930～970	980～1070
	S	调质	840～850	860～900	890～930	930～1020
40	细片状 P+细块状 F	正火	820～850	850～910	890～940	950～1020
	片状 P+F	退火或不处理	820～850	890～940	910～960	960～1040
	S	调质	820～860	840～890	870～920	920～1000

(续表)

钢牌号	原始组织	预先热处理	炉内加热的淬火温度/℃	表面淬火的加热温度/℃		
				A_{c1}以上加热速度30~60℃/s，加热时间2~4s	A_{c1}以上加热速度100~200℃/s，加热时间1~1.5s	A_{c1}以上加热速度400~500℃/s，加热时间0.5~0.8s
45 50	细片状P+细块状F	正火	810~830	850~890	880~920	930~1000
	片状P+F	退火或不处理	810~830	880~920	900~940	950~1020
	S	调质	810~830	830~870	860~900	920~980
40Cr 45Cr 40CrNiMo	S	调质	830~850	860~900	880~920	940~1000
	P+F	退火	830~850	920~960	940~980	980~1050
T8A T10A	球化组织	调质	760~780	820~860	840~880	900~960
	细片状P+S	正火或调质	760~780	780~820	800~860	820~900
CrWMn	球化不完全P	调质	800~830	840~880	860~900	900~950
	细片状P或S	正火或调质	800~830	820~860	840~880	870~920

(6) 感应加热设备的选择。

1) 表面淬火电流频率的选择（见表2-11）：为了保证工件表面淬火层的质量，必须使电流的热透入深度$\Delta_{热}$（mm）大于所要求的淬硬层深度δ（mm），这样才可以使淬火层内同时发热而达到比较均匀的温度，因此一般多采用较低的频率以满足$\delta \leqslant \Delta_{热}$。淬硬层深度$\delta$应满足的经验公式为：$\Delta_{热}/4 \leqslant \delta \leqslant \Delta_{热}/2$，对于一般碳钢，有$\Delta_{热} \approx 500/(f)^{1/2}$，电流频率（Hz）$f \approx 25 \times 10^2/\Delta_{热}^2$。

表2-11 工件淬硬层深度确定的电流频率

电流频率/Hz	工件淬硬层深度/mm						
	1.0	1.5	2.0	3.0	4.0	6.0	10.0
最高频率	250000	100000	60000	30000	15000	7000	2500
最低频率	15000	7000	4000	1500	1000	500	150
最佳频率	60000	25000	15000	7000	4000	1500	600

当 $\delta = \Delta_{热}/2$ 时，最佳频率 $f_{最佳} \approx 60000/\delta^2$ （Hz）。

当 $\delta = \Delta_{热}$ 时，最佳频率 $f_{最高} = 250000/\delta^2$ （Hz）。

当 $\delta = \Delta_{热}/4$ 时，最佳频率 $f_{最低} \approx 15000/\delta^2$ （Hz）。

2）设备输出功率的选择：在选择设备输出功率时，只需考虑感应器内那段工件的表面积，正是这部分表面不断从感应器上吸收能量。这段工件的表面积（cm²）

$$S = \pi Dh$$

式中，D 为工件直径（cm）；

h 为感应器高度（cm）。

加热这段工件所需要的设备功率

$$P = SP_0 = \pi Dh P_0$$

式中，P_0 为设备比功率，即设备向每平方厘米工件输出的功率（kW/cm²）。

选择比功率时，需结合实际情况进行综合考虑。感应加热设备的比功率和允许的最大加热面积如表 2-12 所示。

表 2-12 感应加热设备的比功率和允许的最大加热面积

设备			感应加热设备的比功率		允许的最大加热面积/cm²	
名称	功率/kW	频率/Hz	同时加热	连续加热	同时加热	连续加热
中频	100	2500	0.8	1.25	128	80
		8000				
	200	2500	0.8	2.0	256	100
		8000				
高频	60	250000	1.1	2.2	54	27
	100				90	45

每个感应加热设备所能加热的最大面积是有限度的，选用加热设备时需注意这个因素。

(7) 感应加热电参数的确定与调整。

1）高频感应加热电参数

$$输出功率（kW） \quad P_{输} = nU_{阳} I_{阳}。$$

式中，$U_{阳}$ 为阳极电压；

$I_{阳}$ 为阳极电流；

$I_{栅}$ 为栅极电流；

n 为振荡管的个数。

一般 $U_{阳}$ 控制在 11～13kV，$I_{阳}$ 控制在 1～3A，$I_{栅}$ 控制在 0.20～0.65A；要使高频感应淬火设备处于最佳工作状态，必须使 $I_{阳}/I_{栅} = 5$～10；调节手轮当反映振荡管回路特性的电参数 $U_{槽}$ 恒定时，才能保证感应加热正常进行。

2）中频感应加热电参数

$$输出功率（kW） P_{输}=U_{负}I_{负}\cos\psi。$$

式中，$U_{负}$为负载电压；

$I_{阳}$为负载电流。

尽量使功率因数$\cos\psi=+0.9$，以提高感应淬火设备电功率。

(8) 感应淬火后需进行低温回火，以降低内应力。回火方法有炉中加热低温回火（150~170℃）、感应加热回火（加热速度15~20℃/s）和利用工作内部的余热使表面进行自热回火（自回火）。

2. 火焰加热表面淬火

用乙炔—氧或者煤气—氧等火焰（约3000℃）加热钢件，使钢件表面快速加热到淬火温度，随即再用水或乳化液喷射冷却。火焰表面淬火的淬硬层深度一般是2~6mm，调整火焰烧嘴的移动速度、烧嘴与钢件之间的距离以及烧嘴与冷却喷水管的距离，都可以改变和控制淬硬层深度，如图2-16所示。火焰加热淬火的设备简单、成本低，但是其生产效率低，加热不均匀，质量不易稳定。

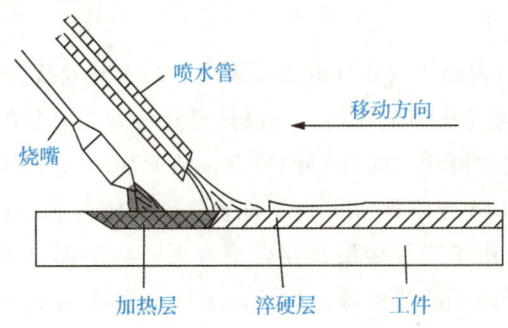

图2-16 火焰加热表面淬火示意图

二、表面处理强化的方法

表面处理强化的的具体方法如表2-13所示。

表2-13 表面处理强化的方法

分类		处理方法和品种
表面合金化	表面热处理	渗C、渗B、渗N、感应加热淬火、火焰淬火
	堆焊	等离子堆焊、二氧化碳保护堆焊、埋弧堆焊、硬质合金
	激光熔覆	大功率激光熔覆
	热渗镀	液渗、气渗、等离子渗、固渗

(续表)

分类		处理方法和品种
表面覆层	热喷涂	火焰喷涂、电弧喷涂、等离子喷涂、爆炸喷涂、超音速喷涂
	电镀	电镀、化学镀、复合镀、电刷镀、纯金属、合金、非晶体
	转化膜	磷化、阳极氧化、钝化、化学氧化、溶胶—凝胶
	气相沉积	CVD、PVD、溅射、离子镀、蒸镀
	热浸镀	铝、锌、锌铝合金、锌—稀土合金、镉
	衬里	搪瓷、橡胶、玻璃钢、特种金属
	涂装	普通涂料、特种涂料、静电喷涂、普通喷涂、流化涂装
表面组织转化	高能束处理	激光相变硬化、电子束、电火花、离子注入
	形变强化	喷丸、滚压、机械镀
	表面热处理	高频淬火、火焰淬火、激光淬火

思维训练

【例1】为什么高频表面淬火零件的表层硬度、耐磨性及疲劳强度均高于一般淬火？

【答】由于高频表面淬火感应加热，一般只要几秒到几十秒的时间就可使工件达到淬火温度，具有加热速度极快、时间短的特点，从而使 A 晶粒细小而均匀，因而淬火后便可在表层获得极细 M 或隐针 M，使工件表层硬度较普通淬火硬度高出 2～3HRC，且具有较低的脆性。又由于工件表层存在残余应力，它能部分抵消在变动载荷作用下产生的拉应力，从而提高了疲劳极限。另外，工件表面不易氧化和脱碳，所有耐磨性好。而且变形也小。

【例2】零件 45 钢加工路线：备料—锻造—正火—粗加—调质—精加—高频感应加热表面淬火与低温回火—磨削。说明热处理的目的及显微组织。

【答】①正火的目的是经热加工（锻造）的零件先进行正火处理以消除毛坯内应力，细化晶粒、均匀组织，改善切削加工性，为最终热处理作好组织准备；45 钢正火后显微组织为 P+F。

②调质的目的主要是提高零件的综合力学性能，为以后表面淬火作好组织准备。45 钢调质后显微组织为回火 S。

③高频感应加热表面淬火与低温回火的目的是工件表层获得硬而耐磨的组织，心部仍保持原来塑性与韧性较好的调质状态的组织。45 钢表面淬火与低温回火后表层的显微组织为极细或隐针状回火 M，心部的显微组织为回火 S。

应用实例

(1) 40Cr 塔形圆盘齿轮如图 2-17 所示，模数 $m=2.5$mm、直径为 250mm、厚

16mm、齿面硬度要求为52HRC、控制齿轮振摆变形在0.01～0.03mm。

图2-17　40Cr塔形圆盘齿轮

其热处理工艺规范为：

①40Cr塔形圆盘齿轮预先热处理为调质，以便获得良好的综合力学性能。

②高频感应加热淬火。在100kW感应加热设备上进行同时淬火，电源电压380V、阳极电压10.5～12.5kV，阳极电流9～9.5A、栅极电流1.0～1.2A、加热时间15～17s。淬火冷却介质选择10～15%的乳化液，目的就是为了更加有效地减少工件变形，使之达到技术要求，控制齿轮振摆变形在0.01～0.03mm。

③低温回火。为减少工件脆性和变形，选择回火温度240～280℃、回火时间60min。

（2）拖拉机发动机飞轮齿圈如图2-18所示，材质45钢、模数 $m=4$mm、直径为482.67mm、厚25mm，齿面要求有较高的耐磨性并能承受一定冲击载荷，齿面硬度要求为41～49HRC。

图2-18　拖拉机发动机飞轮齿圈

其表面淬火工艺规范为：

①拖拉机发动机飞轮齿圈预先热处理为正火（均匀组织、细化晶粒）。

②中频感应加热淬火。选择8kHz、200kW中频电源。选择中频淬火目的是保证齿圈齿面的高硬度、高耐磨性。齿圈采用一次加热、旋转淬火，加热后一次喷液，控制喷液时间，以得到自回火。淬火液一般选用15～30℃的水。

③自回火。自回火温度控制在300～400℃，目的轮齿具有较好的韧性，以防止由于全齿硬化而导致的脆性断齿。

（3）齿轮材料ZG310—570如图2-19所示，模数10、齿数33、齿宽115mm。要求淬硬层深度1~1.5mm、表面硬度48~55HRC。

其表面淬火工艺规范为：阳极电压$U_{阳}$=10~11kV，阳极电流$I_{阳}$=3.5A，栅极电流$I_{栅}$=0.8A，输出功率$P_{输}$=33~35kW。回火温度200~250℃，保温时间90min，出炉空冷。

图2-19 齿轮材料ZG310—570

第六节 钢的化学热处理

学习目标

- 了解什么是渗碳；
- 了解渗碳的具体方法；
- 了解碳氮共渗的具体发放。

基础知识

化学热处理是将钢件置入特殊介质中加热保温，使特殊介质中的一种或几种元素渗入钢件表面，改变其成分和组织，从而改变钢件表面性能的热处理工艺。它可以提高钢件的耐蚀性、耐磨性、抗氧化性、耐热性和抗疲劳性。化学热处理按照渗入的元素可分为渗碳、渗氮、碳氮共渗、渗铝、渗铬、渗硼、渗硫和多元共渗等，常用的化学处理方法如下。

一、钢的渗碳

1. 渗碳

渗碳是使碳原子渗入钢件表面，使低碳钢（含碳量=0.15%~0.30%）的表层获得高的含碳量（含碳量=0.8%~1.05%），再经过淬火和低温回火处理，表面获得细针状回火马氏体和均匀分布的细小粒状渗碳体组织，渗碳层深度通常为0.5~2mm之间，以达到通常要求的硬度 HRC58～64，从而使钢件表面具有高硬度、抗疲劳性和耐磨性，心部仍然保持足够的韧度和强度。

2. 渗碳方法

根据采用的渗碳剂不同，渗碳方法可分为固体渗碳、液体渗碳和气体渗碳。气体渗碳法的生产率高，渗碳过程容易控制，渗碳层质量好，且易实现机械化与自动化，故应用最广。本节将介绍国内应用较广的滴注式气体渗碳法。

滴注式气体渗碳法是把工件置于密封的加热炉中，通过渗碳剂，并加热到渗碳温度 900～950℃（常用 930℃），使工件在高温的渗碳气氛中进行渗碳。

炉内的渗碳气氛主要由滴入炉内的煤油、丙酮及甲醇等有机液体在高温下分解而成。碳气氛主要由 CO、CO_2、H_2 和 CH_4 等组成。图 2-20 所示为在井式气体渗碳炉中，直接滴入煤油进行气体渗碳的示意图。

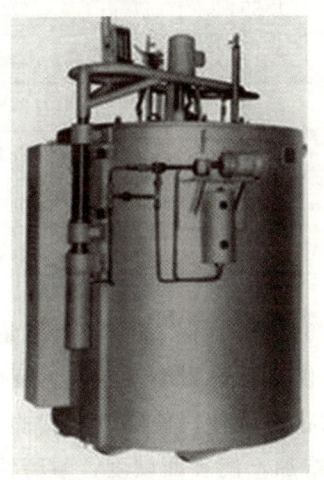 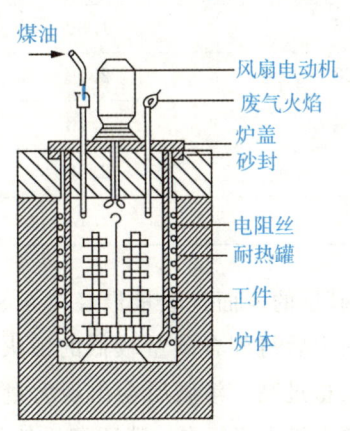

a）井式气体渗碳炉实际图　　b）井式气体渗碳炉结构图

图 2-20　井式气体渗碳炉

井式气体渗碳炉是新型节能周期作业式热处理电炉，炉温均匀、升温快、保温好，工件渗碳速度加快，渗层均匀。

气体渗碳法同样是由分解、吸收、扩散三个基本过程组成。首先是渗碳气氛在高温下分解出活性碳原子，即

$$CH_4 \rightleftharpoons 2H_2 + [C]$$
$$2CO \rightleftharpoons CO_2 + [C]$$
$$CO + H_2 \rightleftharpoons H_2O + [C]$$

随后，活性碳原子被钢表面吸收而溶于高温奥氏体中，并向钢内部扩散而形成一定深度的渗碳层。渗碳层深度主要取决于保温时间，渗入速度一般可按 0.200.25mm/h 估算，并根据所需渗碳层厚度来确定保温时间。在一定的渗碳温度下，保温时间越长，渗碳层越厚。生产中，常采用随炉试样检查渗碳层深度的方法，以确定工件出炉时间。

3. 渗碳件的技术要求

实践证明，渗碳层的含碳量、渗碳层的深度与组织是决定渗碳质量的主要指标，对渗碳件的使用寿命起着极为重要的作用。表 2-14 为不同气体渗碳温度下渗层深度与保温时间的关系。

表 2-14　不同气体渗碳温度下渗层深度与保温时间的关系

保温时间/h	渗碳温度/℃		
	875	900	925
2	0.64	0.77	0.89
4	0.84	1.06	1.27
8	1.27	1.52	1.80
12	1.56	1.85	2.21
16	1.80	2.13	2.54
20	2.00	2.39	2.84
24	2.18	2.62	3.10
30	2.46	2.95	3.48
36	2.74	3.20	3.81

1) 渗碳层的表面含碳量最好在 0.85%～1.05% 范围内。表面层含碳量过低，淬火、低温回火后得到含碳量较低的回火马氏体，硬度低，耐磨性较差，疲劳极限低；但表面含碳量过高，渗碳层会出现大量块状或网状渗碳体，使渗碳层变脆，易剥落，同时由于表面淬火组织中，残留奥氏体量的过度增加，使表面硬度、耐磨性下降，表层残余压应力减小，导致疲劳极限的显著降低。

2) 在一定的渗碳层深度范围内，随着渗碳层深度的增加，渗碳件的疲劳极限，抗弯强度及耐磨性都将增加。但渗碳层深度超过一定限度后，疲劳极限反而随渗碳层深度的增加而降低，而且渗碳层过深，渗碳件的冲击吸收功也太低。故渗碳件所要求的渗碳层深度 δ，应根据其具体尺寸及工作条件来确定，下列经验公式可供参考

轴类——$\delta = (0.1 \sim 0.2) R$

齿轮——$\delta = (0.2 \sim 0.3) m$

薄片工件——$\delta = (0.2 \sim 0.3) t$

式中，R 为半径（mm）；m 为模数（mm）；t 为厚度（mm）。

工件在工作条件下磨损较小时，δ 值取小些；磨损较大时，δ 值取大些。

4. 渗碳后的组织与热处理

(1) 渗碳后的组织。由于钢经渗碳后，其表层含碳量为 0.85%～1.05%，并从表层到芯部其含碳量逐渐减少，到心部为原来低碳钢的含碳量，因此，低碳钢渗碳缓冷

到室温的组织应如图 2-10 所示。最外层是过共析钢组织，里面是共析钢组织，再里面是亚共析钢组织的过渡层，最里面是芯部的原始组织。

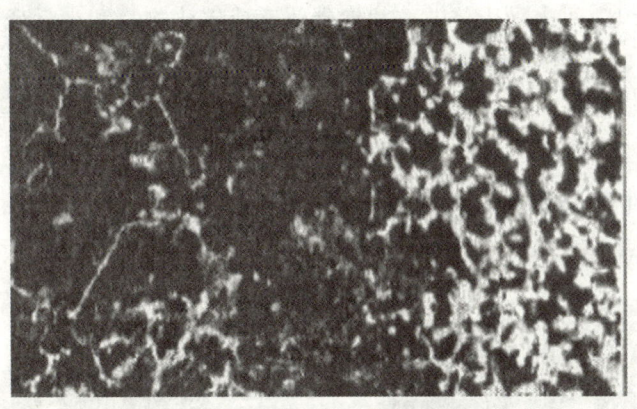

图 2-10　低碳钢渗碳缓冷后的组织

（2）渗碳后的热处理。工件渗碳后必须进行淬火和低温回火热处理，才能有效地发挥渗碳层的作用，这是因为：①渗碳后表层虽是过共析和共析成分，但缓冷后的组织是珠光体＋渗碳体网（共析成分为珠光体），故未达到表面硬而耐磨的要求，而且渗碳体网的存在又会使渗碳层性能变坏；②在 900～950℃ 渗碳温度下长时间保温，往往引起奥氏体晶粒粗化，使渗碳件的力学性能降低。因此，工件经渗碳后，常采用的三种热处理方法：

1）直接淬火法：零件渗碳完毕，随炉降温或出炉预冷至稍高于 A_{r1} 或 A_{r3} 的温度（760～850℃）直接淬火，然后在 150～200℃ 低温回火 2～3h。预冷的目的是为了减少淬火变形与开裂，并使表层析出一些碳化物，降低奥氏体中含碳量，从而减少淬火后的残留奥氏体量，提高表层硬度。预冷温度应略高于钢的 A_{r1}、A_{r3}（760～850℃）以免工件芯部析出铁素体。直接淬火法操作简便、成本低，但它只在渗碳件的心部和表层都不过热的情况下才适用。

2）一次淬火法：渗碳件出炉空冷后，再加热到淬火温度进行淬火和低温回火的热处理工艺，称为一次淬火法。一次淬火法的淬火温度应兼顾表层和心部要求，合金钢渗碳淬火温度一般选在略高于心部的 A_{c3}；碳钢渗碳淬火温度可选在 A_{c1} 和 A_{c3} 之间；对只要求表面耐磨、心部强度要求不高的零件（如量规、样板），渗碳淬火温度应略高于心部的 A_{c1}（760～780℃）。

3）二次淬火法：第一次淬火（或正火）是为了细化心部组织和消除表层渗碳体网，因此加热温度应选在心部成分的 A_{c3} 以上（碳钢 880～920℃、合金钢 860～900℃）；第二次淬火是为了改善渗碳层的组织和性能，使其获得细片状马氏体和均匀分布的碳化物颗粒，故加热温度应选在 A_{c1} 以上（760～780℃）。二次淬火法使渗碳体的表层和芯部组织都能细化，表面具有高的硬度、耐磨性和疲劳极限，芯部具有良好的强韧性和塑性。但工件经过两次高温加热后变形较严重，渗碳层易脱碳和氧化，生产周期长，成本高，故生产中较少应用。

直接淬火法和一次淬火法获得的表层组织为回火马氏体和少量残留奥氏体，二次淬火法的表面组织为回火马氏体、粒状渗碳体（或碳化物）和少量残留奥氏体。它们的硬度都可达到58～64HRC。而芯部组织则取决于钢的淬透性和工件截面尺寸，碳钢一般为珠光体和铁素体，其硬度为10～15HRC；合金钢一般为低碳马氏体和铁素体，其硬度为30～45HRC。

5. 渗碳工件产品例

渗碳工件产品如图2-21所示。

a）标准耐火砖模具　　　　　　　　b）钢包耐火砖模具

图2-21　渗碳钢模具

二、钢的渗氮（氮化）

渗氮是在一定温度下使活性氮原子渗入工件表面、形成富氮硬化层的化学热处理工艺，其目的是提高工件表面的硬度、耐磨性、疲劳极限及耐蚀性等。目前应用的渗氮方法主要有气体渗氮和离子渗氮。

1. 气体渗氮（气体氮化）

（1）渗氮原理及渗氮用钢。气体渗氮通常是在预先以排除了空气的井式炉内进行，它是把已除油净化了的工件放在密封的炉内加热，并通入氨气。活性氮原子被钢的表面吸收，形成固溶体和氮化物，随着渗氮时间的增长，氮原子逐渐往里扩散，而获得一定深度的渗氮层。即

$$2NH_3 \xrightarrow{>380℃} 3H_2 + 2[N]$$

常用的气体渗氮温度为550～570℃，渗氮时间取决于所需的渗氮层深度，一般渗氮层深度为0.4～0.6mm，其渗氮时间需40～70h，故气体渗氮的生产周期很长。

合金钢中，由于许多合金元素可以形成各种合金氮化物，如AlN、CrN、MoN等，它们以极高的弥散度分布在渗氮层中，获得极高的硬度和耐磨性。所以，经常采用Al、Cr、Mo等合金元素的钢（称为渗氮用钢）。国内外普遍采用的渗氮用钢是38CrMoAlA。为了提高渗氮零件芯部的综合力学性能，在渗氮前要进行调质处理，故

零件原来的芯部组织为回火索氏体。

(2) 渗氮特点及应用。

1) 钢经渗氮后表面形成一层极硬的合金氮化物，渗氮层的硬度一般可达 950～1200HV（相当 68～72HRC），故不需再经过淬火便具有很高的表面硬度和耐磨性，而且还可保持到 600～650℃而不明显下降。

2) 渗氮后钢的疲劳极限可提高 15%～35%。这是由于渗氮层体积增大，使工件表层产生了残余压应力。

3) 渗氮后的钢具有很高的耐蚀能力，这是由于渗氮层表面是由致密的、耐腐蚀的氮化物所组成。因此，其可以代替镀镍、镀锌、发蓝等处理。

4) 渗氮处理后，工件的变形很小。这是由于渗氮温度低，而且渗氮后又不需要进行任何其他热处理，所以渗氮后一般只需精磨或研磨、抛光即可。

渗氮广泛用于各种高速传动的精密齿轮、高精度机床主轴（如镗杆、磨床主轴），在变动载荷工作条件下要求疲劳极限很高的零件（如高速柴油机曲轴），以及要求变形很小和具有一定抗热、耐蚀能力的耐磨零件（如阀门等）。

2. 离子渗氮

在低于一个大气压的渗氮气氛中，利用工件（阴极）和阳极之间产生的辉光放电现象进行渗氮的工艺。

三、钢的碳氮共渗

碳氮共渗是向钢的表面同时渗入碳和氮原子的过程。碳氮共渗的方法有液体碳氮共渗和气体碳氮共渗，其主要目的是提高工件的表面硬度、耐磨性和疲劳极限。

目前生产中应用较广的有低温气体氮碳共渗和中温气体碳氮共渗两种方法。

1. 低温气体氮碳共渗（气体软氮化）

低温气体氮碳共渗实质上是以渗氮为主的共渗工艺，故又称气体氮碳共渗，生产中把这种工艺称为气体软氮化。

(1) 低温气体氮碳共渗的工艺。此工艺是在含有活性氮、碳原子的气氛中进行低温氮、碳共渗，常用的共渗介质有氨加醇类液体（甲醇、乙醇）以及尿素，甲酰胺和三乙醇胺等，它们在软氮化温度下发生热分解反应，产生活性氮、碳原子。活性氮、碳原子被工件表面吸收，通过扩散渗入工件表层，从而获得以氮为主的氮碳共渗层。

低温气体氮碳共渗的常用温度为 560～570℃，时间常为 2～3h。因为在该温度与时间下的共渗层硬度值最高；如时间超过 6h，共渗层深度增加极慢。低温气体氮碳共渗后一般采用油冷或水冷，以获得氮在 α—Fe 中的过饱和固溶体，造成工件表面残余压应力，疲劳强度可明显提高。

(2) 低温气体氮碳共渗的特点。

1) 处理温度低，时间短，工件变形小。

2）不受钢种限制，碳钢、低合金钢、工具钢、不锈钢、铸铁及铁基粉末冶金材料均可进行低温气体氮碳共渗处理。

3）能显著提高工件的疲劳极限、耐磨性和腐蚀性。在干摩擦条件下，还具有抗擦伤和抗咬合等性能。

4）共渗层硬而具有一定的韧性，不容易剥落。

因此，目前生产中低温气体氮碳共渗已广泛地用于模具、量具、高速钢刀具、曲轴、齿轮、气缸套等耐磨工件的处理。但低温气体氮碳共渗目前亦存在一些问题，如表层中化合物层厚度较薄（0.01～0.02mm），且共渗层硬度梯度较陡，故不宜在重载条件下工作。

2. 中温气体碳氮共渗

中温气体碳氮共渗实质上是以渗碳为主的共渗工艺，生产中习惯所说的气体碳氮共渗就是指中温气体碳氮共渗。

（1）气体碳氮共渗的工艺。气体碳氮共渗的介质实际上就是渗碳和渗氮用的混合气体。目前，我国生产中最常用的是在井式气体渗碳炉中滴入煤油（或甲苯、丙酮等渗碳剂）使其热分解出渗碳气体，同时往炉中通入渗氮所需的氨气。在共渗温度下，煤油与氨气除了单独进行前述的渗碳和渗氮作用外，它们相互间还可发生如下反应从而产生活性碳，氮原子。

$$CH_4 + NH_3 \longrightarrow HCN + 3H_2$$
$$CO + NH_3 \longrightarrow HCN + H_2O$$
$$2HCN \longrightarrow H_2 + 2[C] + 2[N]$$

此外，有些工厂也有采用有机液体三乙醇氨、甲酰胺和甲醇+尿素等共渗介质，作为滴入剂进行碳氮共渗。活性炭、氮原子被工件表面吸收，并逐渐向内部扩散，结果获得了一定深度的碳氮共渗层。

碳氮共渗时间，取决于渗层深度、共渗温度以及所用的共渗介质。

1）中温气体碳氮共渗温度。气体碳氮共渗所用的钢种，大多为低碳或中碳的碳钢和低合金钢，其共渗温度常采用840～860℃。对于受力不大要求变形小的薄壁耐磨件可在780～800℃碳氮共渗。

2）中温气体碳氮共渗时间的确定。渗碳层深度δ与中温气体碳氮共渗保温时间t的关系为

$$\delta = Kt^{1/2}$$

860℃气体碳氮共渗时，不同钢种的常数K值如表2-15所示。850℃气体碳氮共渗时间与渗层深度的关系如表2-16所示。

表2-15 860℃气体碳氮共渗时，不同钢种的常数K值

牌号	20	20Cr	40Cr	20CrMnTi
K值	0.28	0.30	0.37	0.32

表 2-16　850℃气体碳氮（渗碳气 70～80％＋氨气 20～30％）共渗时间与渗层深度的关系

共渗时间/h	1～1.5	2.0～3.0	7.0～9.0
渗层深度/mm	0.2～0.3	0.4～0.7	0.8～1.0

（2）气体碳氮共渗后的热处理与组织。气体碳氮共渗层的碳、氮含量主要取决于共渗温度。共渗温度越高，共渗层的含碳量越高，而含氮量越低；反之，共渗温度越低，共渗层含碳量越低，而含氮量越高。

在常用的 820～860℃进行碳氮共渗时，共渗表层的含碳量为 0.7％～1.0％，含氮量为 0.15％～0.5％。故工件经共渗后，还需要淬火和低温回火，才能提高表面硬度与芯部强度。在一般情况下，由于碳氮共渗温度比渗碳低，因此共渗后就可直接淬火，然后再低温回火。热处理后表层显微组织为含碳、氮的回火马氏体与含碳、氮的残留奥氏体以及少量的碳氮化合物。其中，残留奥氏体和碳氮化合物由表面往里逐渐减少，而芯部组织为低碳马氏体或中碳马氏体。碳钢的淬透性较差，其芯部可能出现极细珠光体和铁素体等非马氏体组织。

（3）气体碳氮共渗的特点。

1）共渗层的力学性能兼有渗碳层和渗氮层的优点。共渗层经热处理后获得含氮马氏体和少量氮化物，故比渗碳层热处理后具有更高的耐磨性，同时还有一定的耐蚀性能，以及由于共渗层存在残余压应力而提高了钢的疲劳极限；与渗氮层相比，共渗层的深度要比渗氮层深，表面脆性小，抗压强度较好。

2）碳氮共渗使共渗层的奥氏体相变温度降低。由于碳、氮的渗入都能降低钢的 A_1 和 A_3，故共渗温度比单独渗碳低，奥氏体晶粒不会明显长大，保证了零件的芯部强度，并减少了零件的淬火变形。

3）氮的渗入使共渗层的奥氏体的稳定性提高，"C 曲线"右移，所以一般气体碳氮共渗后的直接淬火，采用油冷即可淬硬。

4）气体碳氮共渗的速度显著大于单独渗碳或渗氮的速度，因而可缩短生产周期。但由于气体碳氮共渗的渗层深度一般不超过 0.8mm，所以不能满足承受很高压强和要求厚渗层的零件。目前生产中，常用来处理汽车和机床上的各种齿轮、蜗轮、蜗杆和轴类零件等，并取得了良好的效果。

（4）以渗氮为主的氮碳共渗也称"软氮化"，其常用共渗介质是尿素，氮碳共渗的合适温度在 570℃左右，氮碳共渗处理的工艺时间短，一般为 1～3h。

思维训练

【例 1】今有分别经过普通整体淬火、渗碳淬火及高频感应加热表面淬火的三个形状、尺寸完全相同的齿轮，试用最简单迅速的方法把它们区分出来。

【答】用洛氏硬度机测试硬度的方法：渗碳淬火硬度最硬，其次是高频感应加热表面淬火，普通整体淬火硬度最小。还有一种最简单实用的方法就是凭经验看颜色法：高频感应加热表面淬火无氧化层、表层发亮，普通整体淬火表面氧化层较多、表层发黑，渗碳淬火表面氧化层较少、表层发黑。

【例2】现有低碳钢齿轮和中碳钢齿轮各一个，要求齿面具有高的硬度和耐磨性，应该怎样热处理？

【答】低碳钢齿轮采用渗碳淬火+低温回火。低碳钢渗碳后采用直接淬火和一次淬火法获得的表层组织为回火M+少量残余A、二次淬火法获得的表层组织为回火M+少量残余A+粒状渗碳体或碳化物，碳钢芯部组织为P+F，合金钢一般为低碳M+F，其表层具有高的硬度、耐磨性和疲劳极限、芯部具有较好的塑性与韧性；

中碳钢齿轮采用高频感应加热表面淬火+低温回火。高频表面淬火后其表层获得极细或隐针状回火M组织，而芯部仍保持着原退火与正火或调质状态的组织（P+F或回火S），表层具有硬而耐磨、芯部具有较好的塑性与韧性。

应用实例

（1）EQ140汽车后桥从动锥齿轮是双曲面齿轮（材质20CrMnTi）如图2-22所示，外径为380mm、内径为234mm、厚53mm、齿面硬度要求为58～63HRC、芯部硬度要求为33～45HRC、渗碳层深度为1.5～1.9mm。

双曲面齿轮的热处理工艺规范：

1）预先热处理为正火（均匀组织、细化晶粒），加热温度950～970℃、保温2h，出炉单件分散空冷和风冷。

2）碳氮共渗：共渗温度880℃、保温6h，随炉缓冷至850℃、保温0.5h后直接在140～160℃热油中淬火，然后再于180～200℃炉中进行低温回火、保温3h后出炉空冷。

图2-22 EQ140汽车后桥从动锥齿轮是双曲面齿轮

（2）大弧齿锥齿轮如图2-23所示（材质20CrMnTi），模数m=10.5mm。齿数37、外径389.273mm、内经274.7mm、厚42.88。齿面渗碳层深度1.2～1.6mm、齿面硬度为58～64HRC、心部硬度29～45HRC。

大弧齿锥齿轮的热处理工艺规范：

1）预先热处理为正火（均匀组织、细化晶粒）。

图2-23 大弧齿锥齿轮

2)渗碳:气体渗碳温度920~940℃、保温5~6h。渗碳保温后降至760℃、保温0.5h后油中淬火。然后再于180~200℃炉中进行低温回火、保温3h后出炉空冷。

3)低温回火 油中淬火后迅速转入低温回火炉中进行回火,回火温度180℃、保温时间2h,出炉后空冷。

第七节 影响热处理件质量的因素

学习目标

- 了解钢的淬火缺陷;
- 会查资料分析原因并提出解决办法。

基础知识

热处理件的质量受多方面因素的影响,其中最主要的是热处理工艺因素和工件的结构因素。

一、热处理工艺因素

在热处理生产中,往往由于热处理工艺控制不当,使工件产生某些缺陷,如氧化、脱碳、过热、过烧、硬度不足、变形与开裂等,这对热处理件的质量影响很大。其中淬火产生的缺陷更为人们所重视,这是由于淬火加热温度较高,冷却速度很快,容易使工件产生缺陷。淬火中常见的缺陷(见表2-17)是工件的氧化与脱碳,以及变形与开裂。

表2-17 钢的淬火的常用缺陷

名称	缺陷的解释	产生原因及影响	预防措施
氧化与脱碳	钢在加热时,炉内的氧与钢表面的铁相互作用,形成一层松脆的氧化铁皮的现象为氧化。脱碳指钢在加热时,钢表面的碳与气体介质作用而逸出,使钢件表面含碳量降低的现象	氧化和脱碳会降低钢件表层的硬度和疲劳强度,而且还会降低零件的尺寸精度,使工件表面粗糙不平,影响工件力学性能及使用寿命	在盐浴内加热或在工件表面涂覆保护剂,也可在保护气氛及真空中加热(杜绝工件接触如CO、CH_4有害气体成分)。在保证奥氏体化条件下,加热温度应尽可能低,保温时间要尽可能短

(续表)

名称	缺陷的解释	产生原因及影响	预防措施
过热与过烧	钢在淬火加热时，由于加热温度过高或高温停留时间过长，造成奥氏体晶粒显著粗化的现象称为过热。若加热温度达到固相线附近，晶界已开始出现氧化和熔化的现象，则称为过烧	工件过热后，晶粒粗大，使钢的力学性能（尤其是韧性）降低，并易引起淬火时的变形和开裂。过烧后的工件只能报废，无法补救	严格控制加热温度和保温时间，发现过热，马上出炉空冷至火色消失，在立即重新加热到规定温度或通过正火予以补救
变形与开裂	变形与开裂是淬火中最常见的缺陷，工件在淬火时，由于产生淬火应力，就会发生变形，严重时就会发生开裂	淬火内应力是造成工件变形和开裂的主要原因，变形一般可以校正，而开裂则只能报废	合理的锻造可使碳化物呈弥散均匀分布；预备热处理消除工件的内应力；正确选定加热温度与时间以减小应力；淬火后及时回火
硬度不足	淬火工件整体或较大部位硬度达不到技术要求，称为淬火硬度不足	由于加热温度过低、保温时间不足、冷却速度不够快或表面脱碳等原因，在淬火后无法达到预期的硬度，故无法满足使用性能	严格执行工艺规程。发现硬度不足，可先进行一次退火或正火处理，在重新淬火
软点	淬火工件上硬度不足的小区域称为软点，重要工件不允许出现任何软点现象	淬火后工件表面有许多未淬硬的小区域，原因包括加热温度不够、局部冷却速度不足（局部有污物、气泡等）及局部脱碳等，从而造成组织不均匀，性能不一致	冷却时注意操作方法，增加搅动。产生软点后，可先进行一次退火、正火或调质处理，再重新淬火

二、工件的结构因素

设计零件时，如只考虑零件结构形状适合部件机构的需要，而忽视了热处理零件的结构工艺性，则往往会因零件结构形状不合理而增大淬火时变形与开裂的倾向。因此，在满足零件使用要求而初步选定材料的条件下，在设计淬火零件的结构时，应充分考虑零件结构工艺性。

【例1】材质为40Cr的轴经粗加工后，需进行热处理，小陈说用钢丝绳吊运、小侯

说用尼龙绳吊运。请问班长听到他俩说的话后会表扬谁呢？这是为什么呢？

【答】钢丝绳吊运会划伤轴的表面，在热处理过程中会产生裂纹等缺陷，严重的或许会造成轴的报废。班长会表扬小侯，用尼龙绳吊运不会损伤工件。

【例2】根据已学到的知识，列举出强化金属材料的方法。

【答】强化金属材料的方法有，一是热处理，二是加工硬化，三是固溶强化，四是弥散强化。

应用实例

阶梯轴（见图 2-24），在设计阶梯轴时，轴肩根部一定设计成圆角或倒角；在加工阶梯轴时，轴肩根部一定加工成圆弧倒角 R，不能有尖角或棱角；以防止淬火时产生应力集中，从而避免开裂倾向。

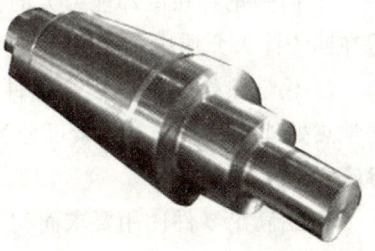

图 2-24　阶梯轴

能力拓展

（1）大型工件淬火为何在冷却池设有循环水泵？

（2）编制热处理工艺卡。

（3）根据工件质量反馈，提出热处理工艺改进意见。

（4）某企业员工小杨负责焊接件的去应力退火，上道工序小吴负责打压检查有无泄漏情况。打压时需要将工件密封、并在工件腔体内注满水、然后通入压缩空气，最后将水放干净。因为工期紧，忙乱中有一件打压后没有放水泄压。若工件腔体内留有水的密封件在加热过程中，水就会迅速气化变成水蒸气，密封的容器很容易炸裂，这是很危险的。小杨也没有仔细检查就急忙放进窑内进行退火，热处理退火过程中发生爆炸。请你写出一份事故分析报告、说明事故产生的原因？提示：时间、地点、责任人、主观原因、客观原因、经验教训、处理意见、改进建议等。

本章练习

一、填空题

1. 变形与开裂是淬火中最常见的缺陷，工件在淬火时，由于产生淬火_____，就会发生变形，严重时就会发生开裂。

2. 退火的目的是降低硬度，提高塑性，以利于切削加工和冷变形加工；细化晶粒，均匀组织，为后续热处理做好组织准备；消除残余内应力，稳定零件尺寸，防止工件_____与开裂。

3. 在 650～600℃形成间距较小的细片状珠光体，称为索氏体，用符号_____表示。硬度为230~320HBW，具有很好的综合力学性能。

4. _____ 退火又称低温退火，它主要用于消除铸件、锻件、焊接件、冷冲压件以及机加工件的残余应力。如果这些残余应力不予消除，工件在随后的机械加工或长期使用过程中，将引起变形或开裂。

5. 淬透性与淬硬性的含义是不同的，淬硬性指钢淬火能够达到的最高硬度，主要取决于马氏体的_____。

6. 同一钢种在冷却能力大的介质中，比冷却能力小的介质中所得的临界直径要大。但在同一淬火介质中，钢的临界直径越大，则其_____越好。

7. 化学热处理可以提高钢件的耐蚀性、耐磨性、抗氧化性、耐热性和抗疲劳性。化学热处理按照渗入的元素可分为渗碳、渗氮、_____共渗以及渗铝、渗铬、渗硼、渗硫和多元共渗等等。

8. 在满足零件使用要求而初步选定材料的条件下，在设计淬火零件的结构时，应充分考虑零件结构_____。

9. 淬火工件整体或较大部位硬度达不到技术要求，称为淬火_____。由于加热温度过低、保温时间不足、冷却速度不够快或表面脱碳等原因，在淬火后无法达到预期的硬度，故无法满足使用性能。

10. 淬火工件上硬度不足的小区域称为_____，重要工件不允许出现任何软点现象。

二、判断题

1. 在实际生产中，为了区别于平衡相变点，将加热时的各相变点用 A_{c1}、A_{c3}、A_{ccm} 表示；冷却时的各相变点用 A_{r1}、A_{r3}、A_{rcm} 表示。（　　）

2. 珠光体是铁素体和渗碳体的细密混合物，分为层状珠光体和粒状珠光体两种，用符号 Z 表示。（　　）

3. 下贝氏体中的碳化物呈细小颗粒状或短杆状，均匀分布在铁素体内，显微镜下呈黑色针叶状组织，用 B_F 表示。下贝氏体具有较高的强度、硬度、耐磨性及良好的塑性和韧性。（　　）

4. 退火或正火除经常作为预备热处理工序外，对一些普通铸件、焊接件以及一些性能要求不高的工件，不能作为最终热处理工序。（　　）

5. 完全退火的目的是细化晶粒，消除内应力与组织缺陷，降低硬度，为随后的切削加工和淬火做好组织准备。（　　）

6. 调质处理（回火后硬度一般为200~330HBW），其目的是获得强度、硬度和塑性、韧性都较好的综合力学性能。（　　）

7. 有些工件由于其工作条件，只是要求局部高硬度，可对工件需要硬化的部位进行加热淬火，这种工艺称为局部淬火。（　　）

8. 淬透性好的钢，它的淬硬性一定高。如低碳合金钢的淬透性相当好，但它的淬硬性却不高；再如高碳工具钢的淬透性较差，但它的淬硬性很高。（　　）

9. 调质处理后的组织为回火索氏体,其渗碳体呈粒状,正火得到的索氏体中渗碳体呈层片状。因此,钢经调质处理后不仅强度较高,而且塑性与韧性更显著地超过了正火状态。（　　）

10. 用作表面淬火最适宜的钢种是低碳钢和低碳合金钢,如 40、45、40Cr、40MnB 等。（　　）

三、选择题

1. 任何成分的碳钢加热到 A_1 点以上时,其组织中的珠光体均转变为奥氏体,称为（　　）化。

　　A. 奥氏体　　　　　B. 铁素体　　　　　C. 珠光体

2. 通常称 PSK 线为 A_1 线,称 GS 线为 A_3 线,称 ES 线为 A_{cm} 线,而该线上的相变点,则相应地用（　　）点、（　　）点、（　　）点来表示。

　　A. A_3、A_1、A_{cm}　　B. A_1、A_3、A_{cm}　　C. A_{cm}、A_3、A_1

3. 在 600～550℃形成间距极小的极细片状珠光体,称为屈氏体或托氏体,用符号（　　）表示。硬度为 330～400HBW,具有极好的综合力学性能。

　　A. T　　　　　　　B. S　　　　　　　C. P

4. 马氏体是碳在 α-Fe 过饱和固溶体,用（　　）表示。低碳马氏体具有较高的断裂韧度和较低的韧脆转变温度及良好的塑性与韧性,是强韧性很好的组织。

　　A. B　　　　　　　B. P　　　　　　　C. M

5. 将钢加热到 A_{c3} 或 A_{c1} 点以上某一温度,保温一定时间使奥氏体化后,以适当方式进行快速冷却,从而获得马氏体或贝氏体组织的热处理工艺,称为（　　）。

　　A. 退火　　　　　　B. 淬火　　　　　　C. 正火

6. （　　）回火温度为 500～650℃,回火组织为回火索氏体,具有良好的综合力学性能（足够的强度与高韧性相配合）,硬度一般为 200～330HBW。

　　A. 高温　　　　　　B. 低温　　　　　　C. 中温

7. 根据采用的渗碳剂不同,渗碳方法可分为固体渗碳、液体渗碳和气体渗碳。（　　）渗碳法的生产率高,渗碳过程容易控制,渗碳层质量好,且易实现机械化与自动化,故应用最广。

　　A. 气体　　　　　　B. 固体　　　　　　C. 液体

8. 碳氮共渗的主要目的是提高工件的表面硬度、耐磨性和（　　）。目前生产中应用较广的有低温气体氮碳共渗和中温气体碳氮共渗两种方法。

　　A. 抗拉强度　　　　B. 疲劳极限　　　　C. 塑性

9. 在热处理生产中,往往由于热处理（　　）控制不当,使工件产生某些缺陷,如氧化、脱碳、过热、过烧、硬度不足、变形与开裂等,这对热处理件的质量影响很大。

　　A. 工艺　　　　　　B. 设备　　　　　　C. 质量

10. 氧化和（　　）会降低钢件表层的硬度和疲劳强度，而且还会降低零件的尺寸精度，使工件表面粗糙不平，影响工件力学性能及使用寿命。

　　A. 过烧　　　　　　　　B. 过热　　　　　　　　C. 脱碳

四、名词解释

退火　　　　　　　　　正火　　　　　　　　　调质热处理

钢的表面淬火　　　　　氧化与脱碳　　　　　　过热与过烧

五、简答题

1. 目前正火主要应用于哪几个方面？
2. 简述去应力退火的工艺。
3. 淬透性对钢的力学性能影响有哪些？
4. 回火目的是什么？
5. 什么是回火脆性，如何避免回火脆性？
6. 什么是中温气体碳氮共渗，其共渗温度范围是多少？
7. 过热与过烧应采取哪些预防措施？

第三章 工业用钢

钢是一种非常重要的工程材料，它按化学成分分为碳素钢（简称碳钢）和合金钢两大类。碳钢除以铁、碳为其主要成分外，还含有少量的锰、硅、硫、磷等常存元素。由于碳钢容易冶炼，价格低廉，性能可以满足一般工程机械、普通机械零件、工具及日常轻工业产品的使用要求，因此在工业上得到广泛的应用。我国碳钢产量约占钢产量的90%。合金钢是在碳钢基础上，有目的地加入某些元素（称为合金元素）而得到的多元合金。与碳钢相比，合金钢的性能有显著的提高，故应用也日益广泛。

第一节 钢的基本知识

- 了解常存元素和杂质对钢性能的影响；
- 了解钢的各种分类；
- 掌握常用钢种牌号 Q235A、45、40Cr 的基本含义。

一、常存元素和杂质对钢性能的影响

钢在冶炼过程中，不可避免地要带入少量的常存元素（硅、锰、硫、磷）和一些杂质（非金属杂质以及某些气体，如氮、氢、氧等），它们对钢的质量有较大的影响。

钢在冶炼过程中，不可避免地要带入少量的常存元素（硅、锰、硫、磷）和一些杂质（非金属杂质以及某些气体，如氮、氢、氧等），它们对钢的质量有较大的影响。

（1）锰是钢中的有益元素，锰有很好的脱氧能力，还可以形成 MnS，消除硫的有害作用。锰作为常存元素一般 $\omega_{Mn}<0.8\%$。

（2）硅也是钢中的有益元素，硅的脱氧能力比锰还强，能提高钢强度及质量。硅在钢中作为常存元素少量存在，一般 $\omega_{Si}<0.4\%$。

（3）硫是钢中的有害元素，主要以 FeS 形态存在，FeS 与 Fe 形成低熔点（985℃）的共晶体分布在晶界，使钢变脆（称为热脆性）。在钢中必须严格限制硫的含量，通常 $\omega_S<0.05\%$。

（4）磷也是钢中的有害元素，它使钢在低温时变脆（称为冷脆性）。在钢中必须严格限制磷的含量，通常 $\omega_P<0.045\%$。

（5）氢在钢中也是有害元素，会造成氢脆、白点等缺陷，影响钢的机械性能。

二、合金元素在钢中的作用

为了改善钢的力学性能或获得某些特殊性能，有目的地在冶炼钢的过程中加入一些元素，这些元素称为合金元素。

（1）大多数合金元素（除铅外）都能溶于铁素体。形成合金铁素体，产生固溶强化。

（2）形成合金碳化物。锰、铬、钼、钨、钒、钛等元素能形成碳化物呈细小颗粒均匀分布在钢中，能显著提高钢的强度和硬度。

（3）几乎所有合金元素都有抑制钢在加热时奥氏体晶粒长大的作用，达到细化晶粒的目的。

（4）除钴外，所有合金元素溶解奥氏体后，均可增加过冷奥氏体的稳定性，减小钢的淬火临界冷却速度，提高钢的淬透性。

（5）合金元素能提高钢的回火稳定性，高的回火稳定性使钢在较高温度下仍能保持高硬度和高耐磨性。

三、钢的分类

钢的种类很多，为了便于管理、选用及研究，从不同角度把它们分为若干类别。

1. 按用途分类

按用途可把钢分为结构钢、工具钢、特殊性能钢三大类。

1）结构钢

（1）工程结构用钢，主要有碳素结构钢、低合金高强度结构钢等。

（2）机械结构用钢，主要有优质碳素结构钢、合金结构钢、弹簧钢及滚动轴承钢等。

2）工具钢

根据用途不同，可分为刃具钢、模具钢与量具钢。

3）特殊性能钢

主要有不锈钢、耐热钢、耐磨钢、磁钢等。

2. 按冶金质量分类

按钢的冶金质量和钢中有害元素磷、硫含量,可分为:

(1) 普通质量钢 ($\omega_P \leq 0.035\% \sim 0.045\%$、$\omega_S \leq 0.035\% \sim 0.050\%$)。

(2) 优质钢 ($\omega_P \leq 0.035\%$、$\omega_S \leq 0.035\%$)。

(3) 高级优质钢 ($\omega_P \leq 0.025\%$、$\omega_S \leq 0.025\%$,牌号后加"A"表示)。

3. 按化学成分分类

1) 碳素钢

按含碳量又可分为低碳钢 ($\omega_C < 0.25\%$)、中碳钢 ($\omega_C = 0.25\% \sim 0.6\%$) 和高碳钢 ($\omega_C > 0.6\%$)。

2) 合金钢

按合金元素含量又可分为低合金钢 ($\omega_{Me} < 5\%$)、中合金钢 ($\omega_{Me} = 5\% \sim 10\%$) 和高合金钢 ($\omega_{Me} > 10\%$)。另外,还根据钢中所含主要合金元素种类不同来分类,如锰钢、铬钢、铬镍钢、铬锰钢、铬锰钛钢等。

钢厂在给钢的产品命名时,往往将用途、成分、质量这三种分类方法结合起来。如将钢称为优质碳素结构钢、碳素工具钢、高级优质合金结构钢、合金工具钢等。

3) 优质碳素结构钢

优质碳素结构钢牌号用两位数字表示。两位数字表示钢中平均含碳量的万分数。如 45 钢,表示平均含碳量为 0.45%;08 钢表示钢中平均含碳量为 0.08%。

优质碳素结构钢按含锰量不同,分为普通含锰量 ($\omega_{Mn} = 0.25\% \sim 0.8\%$) 及较高含锰量 ($\omega_{Mn} = 0.7\% \sim 1.2\%$) 两组。较高含锰量钢应在牌号后面标出元素符号"Mn",如 50Mn。若为高级优质钢或特级优质钢时,分别要在牌号尾加 A、E 表示。若是沸腾钢,则在牌号末尾加"F"字。

四、钢的编号

1. 碳钢的编号

(1) 碳素结构钢。根据国家标准 (GB700—2006),碳素结构钢的牌号主要保证其机械性能,故其牌号体现其机械性能。

碳素结构钢牌号:用 Q+数字表示,其中"Q"为屈服点"屈"字的汉语拼音的首字首,数字表示屈服强度的数值。例如,Q275 表示屈服强度为 275MPa。若牌号后面标注字母 A、B、C、D,则表示钢材质量等级不同,即硫、磷含量不同。其中 A 级钢硫、磷含量最高,D 级钢硫、磷含量最低,即 A、B、C、D 表示钢材质量依次提高。若在牌号后面标注字母"F"则为沸腾钢,标注"b"为半镇静钢,不标注"F"或"b"者为镇静钢。例如 Q235—A,F:表示屈服强度为 235MPa 的 A 级沸腾钢。Q235—C:表示屈服强度为 235MPa 的 C 级镇静钢。

(2) 碳素工具钢。碳素工具钢的牌号冠以"T"表示,其后数字表示平均含碳量千分数。若为高级优质钢,则在数字后面再加"A"字。如"T8"钢,表示平均含碳量为0.8%的优质碳素工具钢;"T10A"钢,表示平均含碳量为1.0%的高级优质碳素工具钢。含锰量较高者,在牌号标以"Mn",如T8Mn。

2. 合金钢的编号

按国家标准的规定,合金钢的牌号采用"数字+合金元素符号+数字"的方法来表示。

(1) 合金结构钢。牌号的前两位数字表示钢中平均含碳量的万分数。合金元素符号后的数字表示该元素的含量。若合金元素的含量小于1.5%,一般不标出;平均含量1.5%~2.5%、2.5%~3.5%……时,则相应标以2、3……依次类推。例如:55Si2Mn,表示平均含碳量为0.55%,平均含硅量为2%,平均含锰量小于1.5%的合金结构钢。

(2) 合金工具钢。牌号的前一位数字表示钢中平均含碳量的千分数,若含碳量超过1%时,则不标出。合金元素含量表示方法同合金结构钢。例如:9SiCr,表示平均含碳量为0.9%,硅和铬的含量均小于1.5%的合金工具钢。

(3) 滚动轴承钢的牌号前冠以"G"字,其后以Cr加数字来表示。数字表示平均含铬量千分数,含碳量不予标出。若再含其他元素时,表示方法同合金结构钢。例如,GCr15钢,表示平均含铬量为1.5%的滚动轴承钢;GCr15SiMn钢,表示除平均含铬量为1.5%外,还含有硅、锰合金元素的滚动轴承钢。

(4) 易切削结构钢的牌号。易切削结构钢的牌号以字母"Y"为首,后面数字为平均含碳量的万分数。对含锰量较高的,其后标出"Mn"。

(5) 高速钢牌号表示法。含碳量均不标出,如W18Cr4V钢的平均含碳量为0.7%~0.8%,在高碳高速钢前面可以加"C"。合金元素含量表示方法同合金结构钢。

(6) 不锈钢或耐热钢的牌号表示方法。用两位或三位数字表示含碳量的最佳控制值(以万分之几或十万分之几计);合金元素含量表示方法同合金结构钢。当只规定含碳量的上限时,若含碳量上限不大于0.10%,则以其上限值的3/4表示;若含碳量上限大于0.10%时,则以其上限值的4/5表示,如06Cr18Ni9含碳量上限不大于0.08%。若含碳量上限不大于0.03%时,则用三位数字表示含碳量的最佳控制值(十万分之几计),如015Cr19Ni11表示含碳量的最佳控制值为0.015%。当只规定含碳量的上限时,则采用平均含碳量表示,如20Cr13其含碳量为0.16%~0.25%,平均含碳量为0.20%。

思维训练

【例1】判断下列说法是否正确?

(1) 40Mn是合金结构钢。错,40Mn应该是优质碳素结构钢。

(2) Q235A是优质碳素结构钢。错,Q235A应该是碳素结构钢。

(3) GCr15钢中铬的质量分数为15%。错 GCr15钢中含铬量应该是1.5%。

(4) 1Cr13 钢中 C=1%。错，1Cr13 钢中应该是 C=0.1%。

(5) W18Cr4V 钢中 C≥1%。错，W18Cr4V 钢中应该是 C=0.8~0.9%。

【例2】Q235A、45、40Cr 的基本含义？

【答】Q235A 表示屈服强度为 235MPa 的 A 级镇静钢；45 表示平均含碳量为 0.45%优质碳素结构钢；40Cr 表示平均含碳量为 0.40%、平均含铬量小于 1.5%合金结构钢。

应用实例

在铸钢、铸铁生产配料时，首先要弄懂材质牌号，然后查得其化学成分、力学性能，再选择原材料进行配料生产。

铸造耐热不锈钢法兰（见图 3-1），材质为 0Cr18Ni10Ti。用中频电炉生产时，配料不能使用 1Cr18Ni9Ti 作为原材料。这是因为两个牌号中含碳量不同，1Cr18Ni9Ti 平均含碳量为 0.12%，0Cr18Ni10Ti 平均含碳量仅为 0.08%。高的含碳量势必造成材质不合格，而不能交货。

图 3-1 铸造耐热不锈钢法兰

第二节 碳素结构钢与合金结构钢

学习目标

- 掌握常用钢种牌号的基本含义；
- 会根据钢的牌号查化学成分及力学性能。

基础知识

凡用于制造各种机器零件以及各种工程结构（如屋架、桥梁、高压电线塔、钻井架、车辆构架、起重机械构架等）的钢都称为结构钢。用作工程结构的钢称为工程结构用钢，大都是普通质量的结构钢。因为其含硫、磷较优质钢多，且冶金质量也较优质钢差，故适于制造承受静载荷作用的工程结构件。这类结构钢冶炼比较简单、成本低,适应工程结构需大量消耗钢材的要求。这类钢一般不再进行热处理。

一、碳素结构钢

碳素结构钢的平均含碳量在 0.06%～0.38% 范围内,钢中含有害元素和非金属夹杂物较多,但性能上能满足一般工程结构及普通零件的要求,因而应用较广。它通常轧制成钢板或各种型材(圆钢、方钢、工字钢、钢筋等)供应。表 3-1 所示为碳素结构钢牌号与化学成分,表 3-2-1 和表 3-2-2 所示为碳素结构钢的力学性能。

表 3-1 碳素结构钢牌号及化学成分(摘自 GB/T700—2006)

牌号	等级	厚度或直径 /mm	化学成分(%),不大于					脱氧方法
			C	Mn	Si	S	P	
Q195	—	—	0.12	0.50	0.30	0.040	0.035	F、Z
Q215	A	—	0.15	1.20	0.35	0.050	0.045	F、Z
	B					0.045		
Q235	A	—	0.22	1.40	0.35	0.050	0.045	F、Z
	B		0.20			0.045		
	C		0.17			0.040	0.040	Z
	D					0.035	0.035	TZ
Q275	A	—	0.24	1.50	0.35	0.050	0.045	F、Z
	B	≤40	0.21			0.045		Z
		>40	0.22					
	C		0.20			0.040	0.040	Z
	D					0.035	0.035	TZ

表 3-2-1 碳素结构钢力学性能(摘自 GB/T700—2006)

牌号	等级	拉伸试验					
		屈服强度 R_{eL}/Mpa,不小于					
		钢材厚度(直径)/mm					
		≤16	>16～40	>40～60	>60～100	>100～150	>150～200
Q195	—	195	185	—	—	—	—
Q215	A	215	205	195	185	175	165
	B						

(续表)

牌号	等级	拉伸试验					
		屈服强度 R_{eL}/Mpa，不小于					
		钢材厚度（直径）/mm					
		≤16	>16~40	>40~60	>60~100	>100~150	>150~200
Q235	A	235	225	215	215	195	185
	B						
	C						
	D						
Q275	A	275	265	255	245	225	215
	B						
	C						
	D						

表 3-2-2　碳素结构钢力学性能（摘自 GB/T700—2006）

牌号	等级	拉伸试验						冲击试验	
		抗拉强度 R_m/MPa	断后伸长率 A/%，不小于					温度 /℃	纵向 K_V/J
			钢材厚度（直径）/mm						
			≤40	>40~60	>60~100	>100~150	>150~200		
Q195	—	315~430	33	—	—	—	—	—	—
Q215	A	335~450	31	30	29	27	26	—	—
	B							20	27
Q235	A	370~500	26	25	24	22	21	—	—
	B							20	
	C							0	
	D							−20	27
Q275	A	410~540	22	21	20	18	17	—	—
	B							+20	
	C							0	
	D							−20	27

碳素结构钢一般以热轧空冷状态供应。其中，牌号 Q195 的碳素结构钢是不分质量等级的，Q215、Q235、Q275 牌号的碳素结构钢，当质量等级为"A"级时，在保证力学性能的要求下，化学成分可根据需方要求做适当调整。

Q195 钢含碳量很低，强度不高，但具有良好的焊接性能和塑性、韧性，常用作铁钉、铁丝及各种薄板，如黑铁皮、白铁皮（镀锌薄钢板）和马口铁（镀锡薄钢板）。也可以用来代替优质碳素结构钢 08 或 10 钢，制造冲压、焊接结构件。

Q275 钢含碳量较高、强度较高，可代替 30 钢、40 钢用于制造稍重要的某些零件（如齿轮、链轮等），以降低原材料成本。

其余两个牌号中的 A 级钢，一般用于不经锻压、热处理的工程结构件或普通零件（如制作机器中受力不大的铆钉、螺钉、螺母等）；有时也可制造不重要的渗碳件。B 级钢常用以制造稍为重要的机器零件和作船用钢板，并可代替相应碳含量的优质碳素结构钢。

二、低合金高强度结构钢

低合金高强度结构钢的牌号由代表屈服强度的汉语拼音字母（Q）、屈服强度数值、质量等级符号（A、B、C、D、E）三个部分按顺序排列，例如 Q390A。

为了满足工程上各种结构承载大、自重轻的要求，在碳素结构钢的基础上加入少量（ω_{Me}＜3%）合金元素而制成的低合金高强度结构钢。低合金高强度结构钢在桥梁、船舶、高压容器、车辆、石油化工设备、农业机械中应用更为广泛。低合金高强度结构钢大多数是在热轧、正火状态下使用，其组织为铁素体＋珠光体，也有在淬火＋回火状态下使用的。低合金高强度结构钢性能特点如下：

（1）高的屈服强度与良好的塑性、韧性。通过合金元素（主要是锰、硅）强化铁素体；细化铁素体晶粒（如铝、钒、钛等）；增加珠光体数量（合金元素使 S 点左移）以及加入能形成碳化物、氮化物的合金元素（钒、铌、钛），使细小化合物从固溶体中析出，产生弥散强化作用。故低合金高强度结构钢的屈服强度较碳素结构钢提高 30%～50%，特别是屈强比的提高更为明显。

（2）良好的焊接性。近代钢铁工程结构大都采用焊接结构，故要求钢材具有良好的焊接性。低合金高强度结构钢的含碳量低、合金元素少、塑性好，不易在焊缝区产生淬火组织及裂纹，且加入铌、钛、钒还可抑制焊缝区的晶粒长大，故具有良好的焊接性。

（3）较好的耐蚀性。由于低合金高强度结构钢构件截面尺寸较小，又常在室外使用，故要求比碳素结构钢有更高的抵抗大气、海水、土壤腐蚀的能力。在低合金高强度结构钢中加入合金元素，可使耐蚀性明显提高，尤其是铜和磷复合加入时效果更好。

三、优质碳素结构钢及合金结构钢

优质碳素结构钢是 S、P 含量较低且钢中杂质少的钢，含碳量在 0.05%～0.9% 范围内。优质碳素结构钢的牌号、化学成分如表 3-3 所示，其性能如表 3-4 所示。

表 3-3　优质碳素结构钢牌号、化学成分（摘自 GB/T699—1999）

牌号	化学成分（%）						
	C	Si	Mn	P、S ≤	Ni ≤	Cr ≤	Cu ≤
08F	0.05～0.11	≤0.03	0.25～0.50		0.25	0.10	0.25
10F	0.07～0.14	≤0.07	0.25～0.50		0.25	0.15	0.25
15F	0.12～0.19	≤0.07	0.25～0.50		0.25	0.25	0.25
08	0.05～0.12	0.17～0.37	0.35～0.65		0.25	0.10	0.25
10	0.07～0.14	0.17～0.37	0.35～0.65		0.25	0.15	0.25
15	0.12～0.19	0.17～0.37	0.35～0.65		0.25	0.25	0.25
20	0.17～0.24	0.17～0.37	0.35～0.65		0.25	0.25	0.25
25	0.22～0.30	0.17～0.37	0.50～0.80		0.25	0.25	0.25
30	0.27～0.35	0.17～0.37	0.50～0.80		0.25	0.25	0.25
35	0.32～0.40	0.17～0.37	0.50～0.80		0.25	0.25	0.25
40	0.37～0.45	0.17～0.37	0.50～0.80		0.25	0.25	0.25
45	0.42～0.50	0.17～0.37	0.50～0.80		0.25	0.25	0.25
50	0.47～0.55	0.17～0.37	0.50～0.80		0.25	0.25	0.25
55	0.52～0.60	0.17～0.37	0.50～0.80		0.25	0.25	0.25
60	0.57～0.65	0.17～0.37	0.50～0.80	0.35	0.25	0.25	0.25
65	0.62～0.70	0.17～0.37	0.50～0.80		0.25	0.25	0.25
70	0.67～0.75	0.17～0.37	0.50～0.80		0.25	0.25	0.25
75	0.72～0.80	0.17～0.37	0.50～0.80		0.25	0.25	0.25
80	0.77～0.85	0.17～0.37	0.50～0.80		0.25	0.25	0.25
85	0.82～0.90	0.17～0.37	0.50～0.80		0.25	0.25	0.25
15Mn	0.12～0.19	0.17～0.37	0.70～1.00		0.25	0.25	0.25
20Mn	0.17～0.24	0.17～0.37	0.70～1.00		0.25	0.25	0.25
25Mn	0.22～0.30	0.17～0.37	0.70～1.00		0.25	0.25	0.25
30Mn	0.27～0.35	0.17～0.37	0.70～1.00		0.25	0.25	0.25
35Mn	0.32～0.40	0.17～0.37	0.70～1.00		0.25	0.25	0.25
40Mn	0.37～0.45	0.17～0.37	0.70～1.00		0.25	0.25	0.25
45Mn	0.42～0.50	0.17～0.37	0.70～1.00		0.25	0.25	0.25
50Mn	0.48～0.56	0.17～0.37	0.70～1.00		0.25	0.25	0.25
60Mn	0.57～0.65	0.17～0.37	0.70～1.00		0.25	0.25	0.25
65Mn	0.62～0.70	0.17～0.37	0.90～1.20		0.25	0.25	0.25
70Mn	0.67～0.75	0.17～0.37	0.90～1.20		0.25	0.25	0.25

表 3-4 优质碳素结构钢力学性能（摘自 GB/T699—1999）

牌号	试样毛坯尺寸/mm	推荐热处理温度/℃			力学性能，不小于					钢材交货状态硬度（HBW）不大于	
		正火	淬火	回火	R_m/MPa	R_{eL}/MPa	A%	Z%	K_{U2}/J	热轧钢	退火钢
08F	25	930			295	175	35	60		131	
10F	25	930			315	185	33	55		137	
15F	25	920			355	205	29	55		143	
08	25	930			325	195	33	60		131	
10	25	930			335	205	31	55		137	
15	25	920			375	225	27	55		143	
20	25	910			410	245	25	55		156	
25	25	900	870	600	450	275	23	50	71	170	
30	25	880	860	600	490	295	21	50	63	179	
35	25	870	850	600	530	315	20	45	55	197	
40	25	860	840	600	570	335	19	45	47	217	187
45	25	850	840	600	600	355	16	40	39	229	197
50	25	830	830	600	630	375	14	40	31	241	207
55	25	820	820	600	645	380	13	35		255	217
60	25	810			675	400	12	35		255	229
65	25	810			695	410	10	30		255	229
70	25	790			715	420	9	30		269	229
75	试样		820	480	1080	880	7	30		285	241
80	试样		820	480	1080	930	6	30		285	241
85	试样		820	480	1130	980	6	30		302	255
15Mn	25	920			410	245	26	55		163	
20Mn	25	910			450	275	24	50		197	
25Mn	25	900	870	600	490	295	22	50	71	207	
30Mn	25	880	860	600	540	315	20	45	63	217	187
35Mn	25	870	850	600	560	335	19	45	55	229	197
40Mn	25	860	840	600	590	355	17	45	47	229	207
45Mn	25	850	840	600	620	375	15	40	39	241	217
50Mn	25	830	830	600	645	390	13	40	31	255	217
60Mn	25	810			695	410	11	35		269	229

(续表)

牌号	试样毛坯尺寸/mm	推荐热处理温度/℃			力学性能，不小于					钢材交货状态硬度（HBW）不大于	
		正火	淬火	回火	R_m/MPa	R_{eL}/MPa	A%	Z%	K_{U2}/J	热轧钢	退火钢
65Mn	25	810			735	430	9	30		285	229
70Mn	25	790			78	450	8	30		285	229

合金结构钢通常是在优质碳素结构钢的基础上加入一些合金元素而形成的钢种。合金元素加入量不大（大多数 $\omega_{Me}<5\%$），所以合金结构钢属低、中合金钢。

合金结构钢都是优质钢、高级优质钢（牌号后加"A"）或特级优质钢（牌号后加"E"字）。按其用途及工艺特点可分为渗碳用钢、调质用钢。

四、常用型钢图片

常用型钢片如图3-2所示。

a）Q235 钢板　　　　b）Q235 角钢　　　　c）Q235 槽钢　　　　d）Q235 工字钢

图 3-2　常用型钢图片

思维训练

【例1】为什么合金钢比碳钢力学性能好、热处理变形小？为什么合金工具钢的耐磨性、热硬性比碳钢高？

【答】一是形成合金铁素体产生固溶强化，从而使钢的强度和硬度得以提高；二是形成合金碳化物产生弥散强化，增加钢的强度、硬度及耐磨性；三是几乎所有的合金元素都抑制钢在加热时的奥氏体晶粒长大的作用，使合金钢在热处理后获得比碳钢更细的晶粒；所以合金钢比碳钢力学性能好。

几乎所有的合金元素都能增加钢的淬透性并可细化晶粒，提高钢的力学性能，能减少淬火时变形与开裂的倾向，所以热处理变形小。合金工具钢中常采用铬、钨、钼、钒等强烈形成碳化物的合金元素，在提高淬透性的同时，形成足够数量弥散分布粒状碳化物，因此合金工具钢相交于碳钢具有更高耐磨性和热硬性。

【例2】结构钢能否用来制造工具？

【答】结构钢包括碳素结构钢、低合金高强度结构钢、优质碳素结构钢及合金结构钢（渗碳钢、调质钢）、弹簧钢、滚动轴承钢、低淬透性含钛优质碳素结构钢、易切削结构钢、冷冲压用钢，工具钢包括刃具钢（碳素工具钢含碳量为 0.65%～1.35%，合金刃具钢、高速钢），模具钢（冷作模具钢、热作模具钢）、量具钢。

有时，结构钢能用来制造工具，如滚动轴承钢 GCr15 与低铬工具钢相似，所以有时也用它制造形状复杂的刃具、冷冲模、精密量具、冷轧辊及某些精密零件

应用实例

用 Q235B 钢板加工的法兰（也可切割下料成各种形状工件）如图 3-3 所示。凡是在两个平面周边使用螺栓连接同时封闭的连接零件，一般都称为法兰。

a）法兰成品

b）法兰毛坯

c）法兰下料

图 3-3　Q235B 钢板加工的法兰

法兰是管与管之间相互连接的零件，在设备进出口上也使用法兰，如减速机法兰。水泵和阀门在和管道连接时，也用法兰连接。用 Q235B 钢板下料加工的法兰，工艺简单、制作成本低。

第三节　渗碳钢

学习目标

- 掌握常用渗碳钢牌号的基本含义；
- 会根据渗碳钢的牌号查化学成分、热处理、力学性能。

基础知识

用于制造渗碳零件的钢，常称为渗碳钢。渗碳用钢一般为低碳的优质碳素结构钢（如 15、20 钢）与合金结构钢（分为低、中、高淬透性三类），主要用于制造表面承受强烈磨损，并承受动载荷的重要零件（如变速齿轮、齿轮轴活塞销等）。这类零件要求钢表面具有高硬度与高耐磨性能，芯部要有较高的韧性和足够的强度，以耐受冲击。

一、常用渗碳钢化学成分

一般渗碳钢的含碳量为 0.10%～0.25%，以保证渗碳零件芯部有较高的韧性。

在合金渗碳钢中，主加元素为铬、锰、镍、硼，其作用是增加钢的淬透性，提高强度。以使大尺寸工件渗碳淬火后，其芯部得到低碳马氏体，保持良好的韧性，从而具有很好的力学性能。主加元素还能提高渗碳层的强度和塑性，尤其以镍的作用最佳。辅加合金元素为少量的钼、钨、钒、钛等强碳化物形成元素，阻止高温渗碳时晶粒长大、细化晶粒，使渗碳后能直接淬火。辅加合金元素进一步提高钢的强度和韧性，还使渗碳层的耐磨性得以增加。

二、常用的渗碳钢

渗碳钢按化学成分分为碳素渗碳钢和合金渗碳钢两大类（渗碳钢最终热处理通常都是渗碳后进行淬火及低温回火，表面硬度58～64HRC，心部组织根据钢的淬透性及尺寸而定）。

常用的渗碳钢的牌号、化学成分如表3-5所示，其热处理、性能及用途如表3-6所示。

表3-5 常用渗碳用钢的牌号、化学成分（摘自GB/T699—1999）

种类	牌号	化学成分（%）					
		C	Mn	Si	Cr	Ni	其他
碳钢	15	0.12～0.19	0.35～0.65	0.17～0.37			P、S≤0.035
	20	0.17～0.24	0.35～0.65	0.17～0.37			P、S≤0.035
低淬透性合金渗碳钢	20Mn2	0.17～0.24	1.40～1.80	0.17～0.37			
	15Cr	0.12～0.18	0.40～0.70	0.17～0.37	0.70～1.00		
	20Cr	0.18～0.24	0.50～0.80	0.17～0.37	0.70～1.00		
	20MnV	0.17～0.24	1.30～1.60	0.17～0.37			V=0.07～0.12
中淬透性合金渗碳钢	20CrMnTi	0.17～0.23	0.80～1.10	0.17～0.37	1.00～1.30		Ti=0.04～0.10
	20Mn2B	0.17～0.24	1.50～1.80	0.17～0.37			B=0.0005～0.0035
	12CrNi3	0.10～0.17	0.30～0.60	0.17～0.37	0.60～0.90	2.75～3.15	
	20CrMnMo	0.17～0.23	0.90～1.20	0.17～0.37	1.10～1.40		Mo=0.20～0.30
	20MnVB	0.17～0.23	1.20～1.60	0.17～0.37			V=0.07～0.12 B=0.0005～0.0035
高淬透性合金渗碳钢	12Cr2Ni4	0.10～0.16	0.30～0.60	0.17～0.37	1.25～1.75	3.25～3.65	
	20Cr2Ni4	0.17～0.23	0.30～0.60	0.17～0.37	1.25～1.75	3.25～3.65	
	18Cr2Ni4WA	0.13～0.19	0.30～0.60	0.17～0.37	1.35～1.65	4.00～4.50	W=0.80～1.20

表 3-6 常用渗碳用钢的热处理、性能及用途（摘自 GB/T699—1999、GB/T3077—1999）

牌号	试样毛坯尺寸/mm	热处理工艺/℃				力学性能（不小于）					用途举例
		渗碳温度	第一次淬火温度	第二次淬火温度	回火温度	R_{eL}/MPa	R_m/MPa	A%	Z%	K/J	
15	25	~920 空气	—	—	225	375	27	55	—	形状简单、受力小的小型件
20		~900 空气	—	—	245	410	25	55	—	形状简单、受力小的小型件
20Mn2	15	850 水油	—	200 空	590	785	10	40	47	代替 20Cr
15Cr		880 水油	780~820 水油	200 水空	490	735	11	45	55	船舶主机螺钉、活塞销、机车小零件
20Cr		880 水油	780~820 水油	200 水空	540	835	10	40	47	机床齿轮、齿轮轴、蜗杆、活塞销
20MnV	900~950	880 水油	—	200 水空	590	735	10	40	55	代替 20Cr
20CrMnTi		880 油	870 油	200 水空	853	1080	10	45	55	作汽车、拖拉机齿轮、凸轮
20Mn2B		880 油	—	200 水空	785	980	10	45	55	代替 20Cr、20CrMnTi
12CrNi3		860 油	780 油	200 水空	685	930	11	50	71	大齿轮、轴
20CrMnMo		850 油	—	200 水空	885	1175	10	45	55	大型拖拉机齿轮、活塞销
20MnVB		860 油	—	200 水空	885	1080	10	45	55	代替 20CrMnTi、20CrNi
12Cr2Ni4		860 油	780 油	200 水空	835	1080	10	50	71	大齿轮、轴
20Cr2Ni4		880 油	780 油	200 水空	1080	1175	10	45	63	大型渗碳齿轮、轴及飞机发动机齿轮
18Cr2Ni4WA		950 空气	850 空气	200 水空	835	1175	10	45	78	同 12Cr2Ni4，作高级渗碳件

1. 碳素渗碳钢

常用的碳素渗碳钢为 15 钢或 20 钢，因其淬透性低，故表层强度及耐磨性不够高、渗碳淬火后芯部强度低，淬火时变形开裂倾向大。一般用于制造形状简单、承受载荷较低、不太重要的小型耐磨零件。

2. 合金渗碳钢

合金渗碳钢常按淬透性的大小分为三类。

（1）低淬透性渗碳钢。常用的低淬透性渗碳钢有 20Mn2、20Cr、20MnV 等，其水淬临界淬透直径为 20～35mm，这类钢渗碳时心部晶粒易长大（特别是锰钢）。用于制作受力不太大，不需要很高强度的耐磨零件。

（2）中淬透性渗碳钢。常用的中淬透性渗碳钢有 20Cr2MnTi、12CrNi3、20MnVB 等，其油淬临界淬透直径为 25～60mm，用于制作承受中等载荷的耐磨零件。

（3）高淬透性渗碳钢。常用的高淬透性渗碳钢有 12Cr2Ni4、20CrNi4 及 18Cr2Ni4WA 等，其油淬临界淬透直径约为 100mm 以上，甚至空冷也能淬成马氏体，用于制造承受重载与强烈磨损的重要大型零件。

三、热处理

1. 预备热处理

低、中淬透性的渗碳钢在锻压空冷后，其组织一般为珠光体与铁素体（珠光体钢），采用正火可以改善可加工性。但对于高淬透性的马氏体钢，则因退火困难，一般在锻压后可进行一次空冷淬火后，再于 650℃左右高温回火，形成回火索氏体组织以利于切削加工。

2. 最终热处理

一般都是在渗碳后进行直接淬火或一次淬火及低温回火（150～200℃）保温 2～3h。处理后工件表面硬度一般为 58～64HRC。

近年来，生产中采用渗碳钢直接进行淬火和低温回火，以获得低碳马氏体组织，制造某些要求综合力学性能较高的零件（如传递动力的轴、重要的螺栓等）。在某些场合下，渗碳钢还可以代替中碳钢的调质处理。

四、渗碳钢产品图例

渗碳钢产品图例如图 3-4 所示。

图 3-4　合金渗碳钢产品图例

💡 思维训练

【例1】渗碳钢的用途是什么？

【答】渗碳钢主要用于制造要求高耐磨性、承受高接触应力和冲击载荷的重要零件，如汽车、拖拉机的变速齿轮，内燃机上凸轮轴、活塞销等。

【例2】渗碳钢性能要求有哪些？

【答】①表面具有高硬度和高耐磨性，芯部具有足够的韧性和强度，即表硬里韧；

②具有良好的热处理工艺性能，如高的淬透性和渗碳能力，在高的渗碳温度下，奥氏体晶粒长大倾向小以便于渗碳后直接淬火。

【例3】渗碳钢的成分特点是什么？

【答】①低碳：含碳量一般为 0.1%～0.25%，以保证芯部有足够的塑性和韧性，碳高则芯部韧性下降。

②合金元素：主加元素为 Cr、Mn、Ni、B 等，它们的主要作用是提高钢的淬透性，从而提高芯部的强度和韧性；辅加元素为 W、Mo、V、Ti 等强碳化物形成元素，这些元素通过形成稳定的碳化物来细化奥氏体晶粒，同时还能提高渗碳层的耐磨性。

【例4】根据淬透性不同，可将渗碳钢分为哪三类？

【答】①低淬透性渗碳钢：典型钢种如 20、20Cr 等，其淬透性和芯部强度均较低，水中临界直径不超过 20～35mm。只适用于制造受冲击载荷较小的耐磨件，如小轴、小齿轮、活塞销等。

②中淬透性渗碳钢：典型钢种如 20CrMnTi 等，其淬透性较高，油中临界直径约为 25～60mm，力学性能和工艺性能良好，大量用于制造承受高速中载、抗冲击和耐磨损的零件，如汽车、拖拉机的变速齿轮、离合器轴等。

③高淬透性渗碳钢：典型钢种如 18Cr2Ni4WA 等，其油中临界直径大于 100mm，且具有良好的韧性，主要用于制造大截面、高载荷的重要耐磨件，如飞机、坦克的曲轴和齿轮等。

⛵ 应用实例

汽车变速箱——速齿轮（见图3-5）担负将发动机动力传递到后轮及倒车的作用，

工作时承载、磨损、冲击均较大。因此要求齿轮表面有较高的耐磨性与疲劳强度；芯部则要求较高的强度（R_m＞1000MPa）及韧性（K＞48J），故选用渗碳钢。

图 3-5 汽车变速箱——速齿轮

20CrMnTi 属于低碳钢，可锻性良好，锻造后正火硬度为 HBW180～207，切削加工性也较好。其渗碳钢淬透性好，热处理工艺性也好，不易过热，可直接淬火，变形较小。经渗碳淬火（渗碳层深度为 0.8～1.3mm，齿面硬度为 HRC58～62，芯部硬度为 HRC33～48）后，抗拉强度（R_m≥1080MPa）及韧性（K≥55J）。

第四节　调质钢

学习目标

- 掌握常用调质钢牌号的基本含义；
- 会根据调质钢的牌号查化学成分、热处理、力学性能。

基础知识

调质钢通常是指经调质后使用的钢，常称调质钢。一般为中碳的优质碳素结构钢与合金结构钢，主要用于制造承受很大变动载荷与冲击载荷或各种复合应力的零件（如机器中传递动力的轴、连杆、齿轮等）。这类零件要求钢材具有较高的综合力学性能，即强度、硬度、塑性、韧性有良好的配合。

一、化学成分

碳素钢的含碳量为 0.35%～0.55%，合金钢的含碳量为 0.25%～0.50%。在合金调质钢中，主加元素为锰、铬、镍，主要目的是增加钢的淬透性、强化铁素体。全部淬透的零件在高温回火后，可获得均匀的综合力学性能，即较高的屈服强度和疲劳强度，良好的塑性和冲击韧度，特别是具有高屈强比。辅加元素与渗碳钢一样，用少量的钨、钼、钒、钛等碳化物形成元素。它们起细化晶粒和提高耐回火性的作用。其中，钨、钼还有防止钢的高温回火脆性的作用

二、常用调质钢

调质钢分为碳素调质钢与合金调质钢两大类。

1. 碳素调质钢

一般是中碳优质碳素结构钢,如35钢~45钢或40Mn、50Mn等,其中以45钢应用最广。碳钢的淬透性差,调质后性能随零件尺寸增大而降低,所以只有小尺寸的零件调质后才能获得均匀的较高的综合力学性能。这类钢一般用水淬,故变形与开裂倾向较大,只适宜制造载荷较低、形状简单、尺寸较小的调质工件。

2. 合金调质钢

由于合金元素能强化铁素体,特别是能提高淬透性,所以其综合力学性能高于碳素调质钢,合金调质钢按淬透性分为以下三类。

(1) 低淬透性调质钢。这类钢油淬临界直径不超过30mm,调质后强度比碳钢高,常用作中等截面受变动载荷的调质工作。常用的低淬透性调质钢有35SiMn、40Cr、40MnB、42Mn2V、40CrV、60MnB等钢种。

(2) 中淬透性调质钢。这类钢油淬临界直径为40~60mm,调质后强度很高,可作截面较好,可用作大截面、承受更大载荷的重要调质件。常用的中淬透性调质钢有42CrMo、40CrNi、40CrMn、40CrMnMo、37CrNi3、35CrMnSi、25CrMnNi4WA等钢种。

(3) 高淬透性调质钢。这类钢油淬临界淬透直径约为100mm以上,甚至空冷也能淬成马氏体,属于马氏体钢。用于制造承受重载与强烈磨损的重要大型零件。常用的有40CrMnMo、37CrNi3、25Cr2Ni4A等。

常用调质钢的牌号、成分如表3-7所示,其热处理、力学性能及用途如表3-8所示。

表3-7 常用调质钢的牌号、成分(摘自GB/T699—1999)

种类	牌号	化学成分(%)				
		C	Si	Mn	Cr	其他
碳钢	40	0.37~0.45	0.17~0.37	0.50~0.80		
	45	0.42~0.50	0.17~0.37	0.50~0.80		
	40Mn	0.37~0.45	0.17~0.37	0.70~1.00		
低淬透性合金调质钢	45Mn2	0.42~0.49	0.17~0.37	1.40~1.80		
	40Cr	0.37~0.45	0.17~0.37	0.50~0.80	0.80~1.10	
	35SiMn	0.32~0.40	1.10~1.40	1.10~1.40		
	42SiMn	0.39~0.45	1.10~1.40	1.10~1.40		
	40MnB	0.37~0.44	0.17~0.37	1.10~1.40		B=0.005~0.0035
	40CrV	0.37~0.44	0.17~0.37	0.50~0.80	0.80~1.10	V=0.10~0.20

(续表)

种类	牌号	化学成分（%）				
		C	Si	Mn	Cr	其他
中淬透性合金调质钢	40CrMn	0.37～0.45	0.17～0.37	0.90～1.20	0.90～1.20	
	40CrNi	0.37～0.44	0.17～0.37	0.50～0.80	0.45～0.75	Ni=1.00～1.40
	42CrMo	0.38～0.45	0.17～0.37	0.50～0.80	0.90～1.20	Mo=0.15～0.25
	30CrMnSi	0.27～0.34	0.90～1.20	0.80～1.10	0.80～1.10	
	35CrMo	0.32～0.40	0.17～0.37	0.40～0.70	0.80～1.20	Mo=0.15～0.25
高淬透性合金调质钢	37CrNi3	0.34～0.41	0.17～0.37	0.30～0.60	1.20～1.60	Ni3.00～3.50
	40CrNiMoA	0.37～0.44	0.17～0.37	0.50～0.80	0.60～0.90	Ni=1.25～1.65 Mo=0.15～0.25
	25Cr2Ni4WA	0.21～0.28	0.17～0.37	0.30～0.60	1.35～1.65	W=0.80～1.20 Ni=4.00～4.50
	40CrMnMo	0.37～0.45	0.17～0.37	0.90～1.20	0.90～1.20	Mo=0.20～0.30

表 3-8 常用调质钢的热处理、力学性能及用途（摘自 GB/T699—1999、GB/T3077—1999）

牌号	热处理温度/℃		力学性能（不大于）					用途举例
	淬火	回火	R_{eL} /MPa	R_m /MPa	$A_{11.3}$ (%)	Z (%)	K/J	
40	840 水	600 水油	335	570	19	45	47	同45钢
45	840 水	600 水油	335	600	16	40	39	机床中形状简单，中等强度、韧性零件，如轴、齿轮、曲轴、螺栓、螺母
40Mn	840 水	600 水油	355	590	15		47	比45钢强度要求稍高件，如轴、万向接头轴、曲轴、连杆、螺栓、螺母
45Mn2	840 油	550 水油	735	685	10	45	47	直径 60mm 以下时性能与40Cr相当，蜗杆、齿轮、连杆、摩擦盘
40Cr	850 油	520 水油	785	980	9	45	47	重要调质零件，如齿轮、轴、曲轴、连杆螺栓

(续表)

牌号	热处理温度/℃		力学性能（不大于）					用途举例
	淬火	回火	R_{eL}/MPa	R_m/MPa	$A_{11.3}$（%）	Z（%）	K/J	
35SiMn	900 水	570 水油	735	885	15	45	47	除要求低温（-20℃以下）韧性很高情况外，可全面代替40Cr做调质件
42SiMn	880 水	590 水	735	885	15	40	47	与35SiMn同，并可作表面淬火零件
40MnB	850 油	500 水油	785	980	10	45	47	代替40Cr
40CrV	880 油	650 水油	735	885	10	50	71	机车连杆、强力双头螺栓、高压锅炉给水泵轴
40CrMn	840 油	550 水油	835	980	9	45	47	代替40CrNi、42CrMo作高速高载荷而冲击载荷不大的零件
40CrNi	820 油	500 水油	785	980	10	45	55	汽车、拖拉机、机床、柴油机的轴、齿轮、连接机件螺栓、电动机轴
42CrMo	850 油	560 水油	930	1080	12	45	63	代替含Ni较高的调质钢，也作重要大锻件用钢，机车牵引大齿轮
30CrMnSi	880 油	520 水油	885	1080	10	45	39	高强度钢，高速载荷砂轮轴、齿轮、轴、联轴器、离合器等重要调质件
35CrMo	850 油	550 水油	835	980	12	45	63	代替40CrNi，大断面齿轮与轴、汽轮发电机转子，480℃以下的紧固件
37CrNi3	820 油	500 水油	980	1130	10	50	47	高强度、韧性的重要零件，如活塞销、凸轮轴、齿轮、重要螺栓、拉杆
40CrNiMoA	850 油	600 水油	835	980	12	55	78	受冲击载荷高强度件，如锻压机传动偏心轴、压力机曲轴等大断面重要件

(续表)

牌号	热处理温度/℃		力学性能（不大于）					用途举例
	淬火	回火	R_{eL} /MPa	R_m /MPa	$A_{11.3}$ (%)	Z (%)	K/J	
25Cr2Ni4WA	850 油	550 水油	930	1080	11	45	71	断面200mm以下，完全淬透的重要件，同12Cr2Ni4，可作高级渗碳件
40CrMnMo	850 油	600 水油	785	980	10	45	63	代替40CrNiMoA

三、热处理

1. 预备热处理

对珠光体钢可在 A_{c3} 点以上进行一次正火（或退火）。马氏体钢则现在 A_{c3} 点以上进行一次空冷淬火，然后再 A_{c1} 以下进行高温回火，以获得回火索氏体组织。

2. 最终热处理

一般采用淬火后进行500～650℃的高温回火处理，以获得回火索氏体，使钢件具有高的综合力学性能。

四、常用调质型钢图片

常用调质型钢如图3-6所示。

a）45钢坯

b）45圆钢

c）40Cr圆钢

d）合金调质钢

图3-6 常用调质型钢图

思维训练

【例1】现有40Cr轴，芯部要求良好的强韧性（200～300HBW），颈部要求硬而耐磨（54～58HRC）。

①应进行哪种预先热处理和最终热处理？②热处理后各获得什么组织？③各热处理工序在加工工艺路线中位置如何安排？

【答】①40Cr 属于低淬透性调质钢，预先热处理为在 A_{c3} 以上进行一次正火；最终热处理为调质热处理，即加热到 $A_{c3}+(30\sim70)$℃以上完全奥氏体化淬火后进行 500~650℃高温回火，以达到芯部（200~300HBS）具有良好的强韧性；然后再对颈部进行高频感应加热表面淬火（利用工件内部的余热使表面进行自回火），以达到硬而耐磨性能（54~58HRC）。

②正火后组织为伪共析珠光体；调质后心部组织为回火索氏体；高频感应加热表面淬火后颈部组织为回火马氏体。

③下料→锻造→正火→机械粗加工→调质→机械精加工→高频感应加热表面淬火→磨削。

【例2】现有 40CrMnTi 齿轮，齿面硬化层 $\delta=1.0\sim1.2$mm，硬度 58~62HRC，心部硬度 35~40HRC，确定最终热处理方法及最终获得的表层与芯部组织。

【答】40CrMnTi 属于高淬透性调质钢，正火后组织为伪共析珠光体；调质后芯部组织为回火索氏体（硬度 35~40HRC）；高频感应加热表面淬火后（淬硬深度 0.5~2mm）齿面组织为回火马氏体（可达到硬化层 $\delta=1.0\sim1.2$mm、硬度 58~62HRC）。

【例3】特种运输设备主轴外形尺寸特征如图 3-7 所示，主轴最大外形尺寸为 $\Phi200$mm×699mm。其中：中间部位 $\Phi200^{+0.106}_{+0.077}$mm×194mm 为车轮（带联接键槽）工作面、表面粗糙度为 $R_a=1.6\mu$m；两端支撑部位 $\Phi170^{+0.093}_{+0.068}$mm×155mm 为轴承工作面、表面粗糙度为 $R_a=0.8\mu$m；两侧防松挡部位 $M160$mm×42mm 为锁紧螺母（带防松键槽）工作面；一头与减速机联接部位 $\Phi102^{-0.012}_{-0.034}$mm×72mm 为花键（GB/T—87 齿侧定心种系列 20b—102a11—92g7—7f9，即齿数 20 个、顶径 102mm、底径 92mm、键宽 7mm）工作面。请说明主轴材料确定理由、化学成分及力学性能。

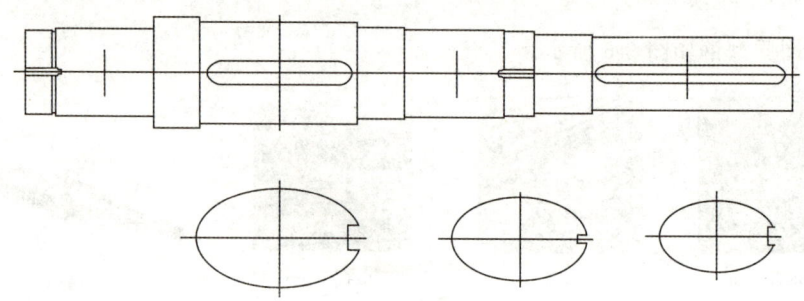

图 3-7 主轴简图

【答】主轴材料确定。主轴采用 40CrMnMo 高淬透性调质钢（热处理淬火温度 850℃、油冷回火温度 600℃，力学性能：屈服点 $R_{eL}=785$MPa、抗拉强度 $R_m=980$Mpa、伸长率 $A=10\%$、断面收缩率 $Z=45\%$、冲击吸收功 $K=63$J，化学成分为 C（0.37%~0.45%）；Si（0.17%~0.37%）；Mn（0.90%~1.20%）；Cr（0.90%~1.20%）；Mo（0.20%~0.30%）。其选用依据是：大多数调质钢的含碳量为 0.25%~0.5%。含碳量过低不易淬硬，回火后强度不足；如零件要求较高的塑性与韧性，则用含碳量大于 0.4%的调质钢，在合金调质钢中，主加元素为锰（含锰量小于 2%），铬（含铬量小于 2%），镍（含镍量小于 4.5%），硼（含硼量小于 0.0035%）。主要元素（除硼外）都具有较显著强化铁素体的作用，并且当他们含量在一定范围时，这可提高铁素体的韧性，全部淬透的零件在高温回火后可获得均匀的综合力学性能。调质用钢通常是指经调质后使用的钢，一般为中碳的优质碳素结构钢与合金结构钢，主要用于制造承受很大变动载荷与冲击载荷或各种复合应力的零件（如机器中传递动力的轴，连杆，齿轮等）。这类零件要求钢材具有较好的综合力学性能，即强度、硬度、塑性、韧性有良好的配合。

由于合金元素能强化铁素体，特别是能提高淬透性，所以综合力学性能高于碳素调质钢。合金调质钢按淬透性分为三类：

（1）中淬透性调质钢。这类钢油淬临界直径为 40～60mm，调质后强度很高，可作截面较大、承受较重载荷的调质工件，常用的有 35CrMo，38CrMoAlA，40CrMn 等钢种。

（2）低淬透性调质钢。这类钢油淬临界直径为 20～40mm，调质后强度比碳钢高，常用作中等截面受变动载荷的调质工件，常用的有 40Cr，40MnB，35SiMn 等钢种。

（3）高淬透性调质钢。这类钢油淬临界直径不小于 60～100mm，调质后强度最高，韧性也很好，可作大截面、承受更大的载荷的重要调质件，常用的有 40CrMnMo，37CrNi3，25Cr2Ni4A 等钢种。

根据该主轴是在重载低速条件下工作，且最小轴径为 $\Phi 102$mm，所以选用 40CrMnMo，作为主轴材料。

应用实例

1. 现有 40Cr 轴如图 3-8 所示，芯部要求良好的强韧性（200～300HBW），颈部要求硬而耐磨（54～58HRC）。

图 3-8　40Cr 轴

（1）预先热处理和最终热处理：40Cr 属于低淬透性调质钢，预先热处理为在 A_{c3} 以上进行一次正火；最终热处理为调质热处理，即加热到 A_{c3}＋（30～70℃）以上完全奥氏体化淬火后进行 500～650℃高温回火，以达到心部（200～300HBS）具有良好的强韧性；然后再对颈部进行高频感应加热表面淬火（利用工件内部的余热使表面进行自回火），以达到硬而耐磨性能（54~58HRC）。

（2）热处理后各获得什么组织：正火后组织为伪共析珠光体；调质后心部组织为回火索氏体；高频感应加热表面淬火后颈部组织为回火马氏体。

（3）各热处理工序在加工工艺路线中位置的安排：下料→锻造→正火→机械粗加工→调质→机械精加工→高频感应加热表面淬火→磨削。

2. 现有40CrMnTi齿轮如图3-9所示，齿面硬化层$\delta=1.0\sim1.2$mm、硬度58~62HRC，芯部硬度35~40HRC，确定最终热处理方法及最终获得的表层与心部组织。

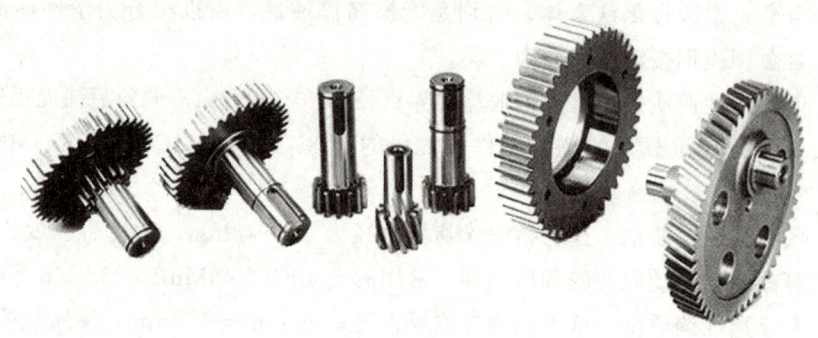

图3-9　40CrMnTi齿轮

40CrMnTi属于高淬透性调质钢，正火后组织为伪共析珠光体；调质后心部组织为回火索氏体（硬度35~40HRC）；高频感应加热表面淬火后（淬硬深度0.5~2mm）齿面组织为回火马氏体（可达到硬化层$\delta=1.0\sim1.2$mm、硬度58~62HRC）。

第五节　碳素工具钢与热作模具钢

学习目标

- 掌握常用碳素工具钢、热作模具钢牌号的基本含义；
- 会根据碳素工具钢、热作模具钢的牌号查化学成分及用途。

基础知识

工具钢是指制造各种刃具、模具、量具的钢，相应地称为刃具钢、模具钢与量具钢。工具钢除个别情况以外，大多数是在受很大局部压力和磨损条件下工作的，应具有高硬度、高耐磨性以及足够的强度和韧性，故工具钢（除热作模具钢外）大多属于过共析钢（$\omega_C=0.9\%\sim1.3\%$；$\omega_S\leqslant0.03\%$，$\omega_P\leqslant0.035\%$）；合金工具钢中含硫、磷量不大于0.03%。

工具钢的预备热处理通常采用球化退火，以改善其可加工性。有时为消除网状或大块状碳化物，在球化退火前，先进行一次正火处理。工具钢的最终热处理一般多采用淬火与低温回火。

一、碳素工具钢

碳素工具钢（见表3-9）可分为优质碳素工具钢（简称为碳素工具钢）与高级优质碳素工具钢两类。

碳素工具钢的含碳量为.65%～1.35%，从而保证淬火后有足够高的硬度。各牌号的碳素工具钢淬火后硬度相近，但随着含碳量的增加，未溶渗碳体量增多，使钢的耐磨性增加，而韧性降低。因此，T7、T8适用于制造承受一定冲击而要求韧性较高的刃具，如木工用斧、钳工錾子等，淬火、回火后硬度为48～54HRC（工作部分）。T9、T10、T11钢用于制造冲击较小而要求高硬度与耐磨的刃具，如小钻头、丝锥、手锯条等，淬火、回火后硬度为60～62HRC。T12、T13钢硬度及耐磨性最高，但韧性最差，用于制造不承受冲击的刃具，如锉刀、铲刮刀等，淬火、回火后硬度为62～65HRC。高级优质的T7A～T13A比相应的优质碳素工具钢有较小的淬火开裂倾向，适于制造形状较复杂的刃具。

表3-9　碳素工具钢的牌号、成分及用途（GB/T1298—2008）

牌号	化学成分（%）			退火态度 HBW≥	试样淬火硬度 ≥	用途举例
	C	Si	Mn			
T7（T7A）	0.65～0.74	≤0.35	≤0.40	187	800～820℃水 62 HRC	承受冲击、韧性较好、硬度适当工具，如扁铲、手钳、大锤、螺钉旋具、木工具
T8（T8A）	0.75～0.84	≤0.35	≤0.40	187	780～800℃水 62 HRC	承受冲击、要求较高硬度的工具，如冲头
T8Mn（T8MnA）	0.80～0.90	≤0.35	0.40～0.60	187	700～800℃水 62 HRC	同上，但淬透性较大，可制断面较大的工具
T9（T9A）	0.85～0.94	≤0.35	≤0.40	192	760～780℃水 62 HRC	韧性中等、硬度高的工具，如冲头、木工工具、凿岩工具

(续表)

牌号	化学成分（%）			退火态度 HBW≥	试样淬火硬度 ≥	用途举例
	C	Si	Mn			
T10（T10A）	0.95～1.04	≤0.35	≤0.40	197	760～780℃水 62 HRC	不受剧烈冲击、高硬度耐磨工具，如车刀、刨刀、冲头、丝锥、钻头、手锯条
T11（T11A）	1.05～1.14	≤0.35	≤0.40	207	760～780℃水 62 HRC	不受剧烈冲击、高硬度耐磨工具，如车刀、刨刀、冲头、丝锥、钻头、手锯条
T12（T12A）	1.15～1.24	≤0.35	≤0.40	207	760～780℃水 62 HRC	不受冲击、要求高硬度高的耐磨工具，如锉刀、刮刀、精车刀、丝锥、量具
T13（T13A）	1.25～1.35	≤0.35	≤0.40	217	760～780℃水 62 HRC	同上，且要求更耐磨工具，如刮刀、剃刀

二、热作模具钢

热作模具钢（见表3-10）是用来制造使加热的固态（即热锻模）或液态金属（即压铸模）在压力下成形的模具。

表3-10 常用热作模具钢的牌号、成分及用途（GB/T 1299－2000）

牌号	化学成分（%）								用途举例
	C	Mn	Si	Cr	W	V	Mo	Ni	
5CrMnMo	0.50～0.60	1.20～1.60	0.25～0.60	0.60～0.90	—	—	0.15～0.30	—	中小型锻模
4Cr5W2SiV	0.32～0.42	≤0.40	0.80～1.20	4.50～5.50	1.60～2.40	0.60～1.00	—	—	热挤压模（挤压铝、镁）高速锤锻模
5CrNiMo	0.50～0.60	0.50～0.80	≤0.40	0.50～0.80	—	—	0.15～0.30	1.40～1.80	形状复杂、重载荷的大型锻模

（续表）

牌号	化学成分（%）								用途举例
	C	Mn	Si	Cr	W	V	Mo	Ni	
4Cr5MoSiV	0.33~0.43	0.20~0.50	0.80~1.20	4.75~5.50	—	0.30~0.60	1.10~1.60	—	同 4Cr5W2SiV
3Cr2W8V	0.30~0.40	≤0.40	≤0.40	2.20~2.70	7.50~9.00	0.20~0.50	—	—	热挤压模（挤压铜、钢）压铸模

1. 热锻模具钢

热锻模在工作过程中，炽热金属被强制成形时，模面不但受到强烈摩擦、承受高达 400～600℃ 的工作温度，而且承受大的冲击力（或挤压力），另一方面还要受到喷入型腔冷却剂的急冷作用，使模具处在时冷时热的状态下，导致模具工作表面产生热疲劳裂纹（龟裂）。所以，制作热锻模的钢应在 400～600℃ 高温下有足够的强度、韧性与耐磨性（硬度 40～50HRC）；有较好的热疲劳抗力；大型锻模还要求有高的淬透性，以提高模具热处理后整体性能。

热锻模的化学成分与合金调质钢相似，一般均采用中碳（$\omega_C = 0.3\% \sim 0.6\%$），并含有铬、锰、镍、硅等合金元素，属亚共析钢。铬镍或铬锰的配合加入，可大大提高钢的淬透性。铬、钨、硅的加入可提高钢的相变点，使模面在交替受热与冷却过程中，不致发生体积变化较大的相变，从而提高其热疲劳抗力；钼主要是提高耐回火性与防止第二类回火脆性。热锻模经锻造后需进行退火。加工后再进行淬火与回火，以达到高强度、高韧性，并具有一定的硬度与耐磨性。回火温度根据模具大小而定。对模具的不同部分（模面与模尾）也有不同的硬度要求。一般为避免模尾因韧性不足而脆断，回火温度应较高；模面是工作部分，要求硬度较高，故回火温度较低。

常用的热锻模钢牌号是 5CrNiMo 及 5CrMnMo。5CrNiMo 具有良好韧性、强度与耐磨性，并在 500～600℃ 时力学性能几乎不降低。它有十分良好的淬透性，300mm×400mm×300mm 的大块钢料也可在油中淬透，故常用来制造大、中型热锻模。5CrMnMo 钢不含我国稀缺的镍，性能与 5CrNiMo 相似，仅是综合力学性能与热疲劳抗力和淬透性能稍低，它适于制作中、小型热锻模。热锻模经 840～870℃ 淬火及回火后组织为回火托氏体—索氏体。

此外，对于在静压下使金属变形的挤压模，由于变形速度小，模具与炽热金属接触时间长，故高温性能要求较热锻模高，可采用 3Cr2W8V 钢（用作挤压钢、铜合金的模具）或 4Cr5W2VSi 钢或 4Cr5MoSiV 钢（用作挤压铝、镁合金的模具）。

2. 压铸模用钢

压铸是指液体金属在压力下注入金属型，以形成精确的、组织致密的铸件。压铸时所用的模具称为压铸模。

压铸模工作时，除了具有热锻模相似的性能外，还因其与高温金属接触的时间长，具有更高的热疲劳抗力及抗高温金属液的腐蚀，及抗高温、高速金属液的冲刷能力。

常用的压铸模用钢的牌号为3Cr2W8V。3Cr2W8V钢中$w_C=0.3\%\sim0.4\%$，但属于过共析钢。合金元素铬、钨、钒等可使钢的相变点A_{c1}提高到820~830℃，因而其热疲劳抗力较高。此外，它还具有较高的高温强度，在600~650℃时其强度可达1000~1200MPa。这种钢淬透性也较高，截面在100mm以下可在油中淬透。3Cr2W8V钢适于制造浇注温度较高的铜合金与铝合金的压铸模。

压铸模的热处理与热挤压模大体相同，3Cr2W8V钢的淬火温度为1050~1150℃。为了减小变形，一般采用400~500℃及800~850℃的两次预热。淬火冷却可采用空冷、油冷或分级淬火。回火温度根据性能要求和淬火温度的高低，一般在560~660℃范围内进行2~3次回火。淬火、回火后的组织为回火马氏体和粒状碳化物，硬度为40~48HRC。

三、产品图例

碳素工具钢和热作模具钢的产品如图3-11所示。

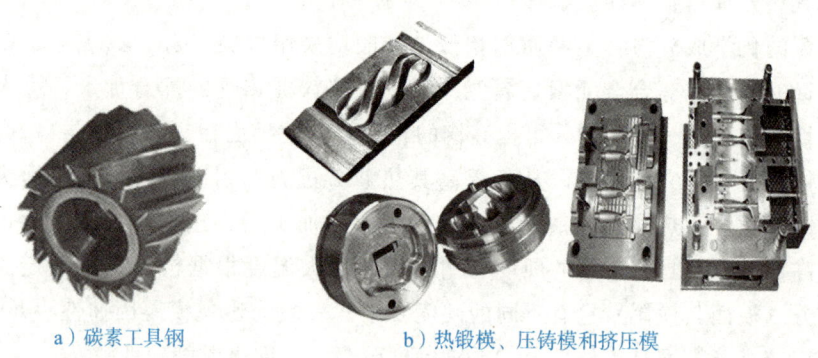

a）碳素工具钢　　　　b）热锻模、压铸模和挤压模

图3-11　产品图例

思维训练

【例1】常用的热锻模钢牌号有哪些？具有哪些特征？

【答】常用的热锻模钢牌号是5CrNiMo及5CrMnMo。5CrNiMo具有良好韧性、强度与耐磨性，并在500~600℃时力学性能几乎不降低；常用来制造大、中型热锻模。

【例2】常用的压铸模用钢牌号有哪些？具有哪些特征？

【答】常用的压铸模用钢牌号为3Cr2W8V，热疲劳抗力较高，具有较高的高温强度，适于制造浇注温度较高的铜合金与铝合金的压铸模。

【例3】常用的塑料模具钢牌号有哪些？具有哪些特征？

【答】常用的塑料模具钢主要为3Cr2Mo，这是我国自行研制的专用塑料模具钢。有良好的强、韧配合及较好的硬度、耐磨性，可广泛应用于中型模具。

应用实例

手用丝锥是加工金属零件内孔螺纹的刀具（见图 3-12），切削速度很低，受力较小，其主要失效形式是磨损及扭断。因此齿刃部应有高硬度（HRC59～63）与高耐磨性，芯部及柄部有足够强度（HRC30～45）与韧性。

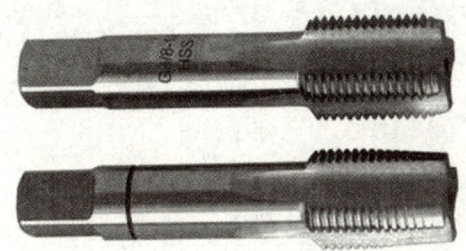

图 3-12　手用丝锥

考虑韧性及减小淬火时开裂的倾向，应选用硫、磷杂质极低的高级优质碳素工具钢 T12A 或 T10A（因齿刃部很薄，故采用等温淬火或分级淬火）。

第六节　不锈钢与耐热钢

学习目标

- 掌握常用不锈钢、耐热钢牌号的基本含义；
- 会根据不锈钢的牌号查化学成分及用途。

基础知识

不锈钢是不锈耐酸钢的简称，一般将耐空气、蒸汽、水等弱腐蚀介质或具有不锈性的钢种称为不锈钢，而将耐化学腐蚀介质（酸、碱、盐等化学浸蚀）腐蚀的钢种称为耐酸钢。两者在化学成分上的差异而使它们的耐蚀性不同，普通不锈钢一般不耐化学介质腐蚀，而耐酸钢则一般均具有不锈性。

耐热钢指在高温下具有较高的强度和良好的化学稳定性的合金钢，包括抗氧化钢（或称高温不起皮钢）和热强钢两类。抗氧化钢一般要求较好的化学稳定性，但承受的载荷较低。热强钢则要求较高的高温强度和相应的抗氧化性。耐热钢常用于制造锅炉、汽轮机、动力机械、工业炉和航空、石油化工等工业部门中在高温下工作的零部件。

一、不锈钢

常用不锈钢（见表 3-11）按化学成分可分为铬不锈钢、镍铬不锈钢、铬锰不锈钢等。按金相组织特点则可分为马氏体型不锈钢、铁素体型不锈钢、奥氏体型不锈钢、奥氏体－铁素体型不锈钢及沉淀硬化型不锈钢五种类型。

表3-11 常用不锈钢的牌号、成分、热处理、力学性能及应用（GB/T221－2008）

类别	新牌号（老牌号）	化学成分（%）		热处理 ℃	力学性能			应用
		C	Cr		R_{el} MPa	A %	硬度 HBW	
马氏体型	12Cr13（1Cr13）	≤0.15	11.5~13.5	950~1000 油冷 700~750 回火	≥539	≥25	≤187	汽轮机叶片、水压机阀、螺栓、螺母等抗弱腐蚀介质并承受冲击的零件
	20Cr13（2Cr13）	0.16~0.25	12.0~14.0	920~980 油冷 600~750 回火	≥588	≥16	≤187	
	30Cr13（3Cr13）	0.26~0.40	12.0~14.0	920~980 油冷 600~750 回火	540	≥12	≤217	硬度较高的耐蚀、耐磨零件和工具，如热油泵轴、阀门、滚动轴承、医疗器具、量具、刃具等
	30Cr13Mo（3Cr13Mo）	0.28~0.35	12.0~14.0	1020~1075 油冷 200~300 回火	—	—	—	
铁素体型	10Cr17（1Cr17）	≤0.12	16.0~18.0	785~850 空冷或缓冷	≥400	≥20	≤187	通用钢种、建筑内装饰用、家庭用具等
	022Cr30Mo2（00Cr30Mo2）	≤0.01	28.5~32.0	900~1050 快冷	≥450	≥22	≤187	耐蚀性很好，用于制造苛性碱设备及有机酸设备
奥氏体型	12Cr18Ni9（1Cr18Ni9）	≤0.01	28.5~32.0	固溶处理 1010~1150 快冷	≥450	≥450	≤187	硝酸、化工、化肥等工业设备所需零件
	06Cr19Ni9N（0Cr19Ni9N）	≤0.08	18.0~20.0	固溶处理 1010~1050 快冷	≥649	≥35	≤217	硝酸、化工、化肥等工业设备中强度和耐蚀性要求较高的结构零件

(续表)

类别	新牌号 (老牌号)	化学成分(%)		热处理 ℃	力学性能			应用
		C	Cr		R_{el} MPa	A %	硬度 HBW	
奥氏体型	022Cr18Ni10N (00Cr18Ni10N)	≤0.03	17.0~ 19.0	固溶处理 1010~1150 快冷	≥549	≥40	≤217	化学、化肥及化纤工业用的耐蚀材料
	10Cr18Ni9Ti (1Cr18Ni9Ti)	≤0.12	17.0~ 19.0	固溶处理 1000~1100 快冷	≥539	≥40	≤187	耐酸容器、管道及化工焊接件等
	06Cr18Ni11Nb (0Cr18Ni11Nb)	≤0.08	17.0~ 19.0	固溶处理 920~1150 快冷	≥520	≥40	≤187	镍铬钢焊芯、耐酸容器、抗磁仪表、医疗器械等

1. 铁素体型不锈钢

常用的铁素体型不锈钢中，$\omega_C<0.15\%$、$\omega_{Cr}=12\%\sim30\%$，属于铬不锈钢。铬是缩小奥氏体相区的元素，可使这类钢获得单相铁素体组织，即使将钢从室温加热到高温（960~1100℃），其组织也无显著变化。其抗大气与耐酸能力强，具有良好的高温抗氧化性（700℃以下），特别是抗应力腐蚀性能较好，但其力学性能不如马氏体不锈钢，故多用于受力不大的耐酸结构和作抗氧化钢使用。铁素体型不锈钢按铬的含量有三种类型。Cr13型、Cr17型、Cr27—30型。

2. 马氏体型不锈钢

这类钢中含碳量（$\omega_C=0.1\%\sim0.45\%$、$\omega_{Cr}=12\%\sim14\%$）较铁素体型不锈钢高，淬火后能得到马氏体，故称为马氏体型不锈钢，也属于铬不锈钢。它随着钢中含碳量的增加，钢的强度、硬度、耐磨性提高，但耐蚀性则下降。马氏体型不锈钢的耐蚀性、塑性、焊接性虽不如奥氏体、铁素体型不锈钢，但由于它有较好的力学性能与耐蚀性相结合，故应用广泛。

3. 奥氏体型不锈钢

这是应用最广的不锈钢，属镍铬不锈钢。典型的有18—8型不锈钢，这种钢含碳量很低，$\omega_{Cr}=17\%\sim19\%$，$\omega_{Ni}=8\%\sim11\%$。因镍的加入，扩大了奥氏体区而获得单相奥氏体组织。故有很好的耐蚀性及耐热性，是目前应用最为广泛的一类不锈钢。现已在18—8型基础上发展了许多新钢种，我国奥氏体型不锈钢共有28种。

4. 铁素体—奥氏体型不锈钢（双相不锈钢）

双相不锈钢是近年发展起来的新型不锈钢，它的成分是在$\omega_{Cr}=18\%\sim26\%$、$\omega_{Ni}=4\%\sim7\%$的基础上，再根据不同用途加入锰、钼、硅等元素组合而成，如022Cr19Ni5Mo3Si2N等。

二、耐热钢

1. 耐热性的概念

在航空、火电站、发动机、化工等部门中，许多零件在高温下使用，要求具有耐热性。所谓耐热性，是指材料在高温下兼有抗氧化与高温强度的综合性能。具有良好耐热性的钢称为耐热钢。

2. 常用的耐热钢

常用耐热钢（见表 3-12）按正火状态下组织不同，可分为铁素体型钢、奥氏体型钢、马氏体型钢等。

表 3-12 常用耐热钢的牌号、成分、热处理及应用（摘自 GB/T1221—2007）

类别	牌号 新牌号（老牌号）	化学成分（%）						热处理/℃	应用
		C	Mn	Si	Ni	Cr	其他		
铁素体型	16Cr25N (2Cr25N)	≤0.20	≤1.5	≤1.0	≤0.6	23~27	N≤0.25 P≤0.04 S≤0.03	退火 780~880（快冷）	耐高温、腐蚀性强，小于1082℃不产生氧化皮，用作炉用构件
铁素体型	06Cr13Al (0Cr13Al)	≤0.08	≤1.0	≤1.0	≤0.6	11.0~14.5	Al0.10~0.30 P≤0.04 S≤0.03	退火 780~830（空冷）	耐热温度900℃，制作承受应力不大的炉用构件，如喷嘴、退火炉罩、吊挂等
奥氏体型	06Cr25Ni20 (0Cr25Ni20)	≤0.08	≤2.0	≤1.5	19~22	24~26	P≤0.04 S≤0.03	固溶处理 1030~1180（快冷）	可用作1035℃以下炉用材料
奥氏体型	12Cr16Ni35 (1Cr16Ni35)	≤0.15	≤2.0	≤1.5	33~37	14~17	P≤0.04 S≤0.03	固溶处理 1030~1180（快冷）	抗渗碳、抗渗氮性好，在1035℃以下可反复加热
奥氏体型	06Cr18Ni11Ti (0Cr18Ni10Ti)	≤0.08	≤2.0	≤1.0	9~12	17~19	Ti5C~0.70 P≤0.045 S≤0.03	固溶处理 920~1150（快冷）	可用作400~900℃腐蚀条件下部件，高温用焊接结构件

(续表)

类别	牌号 新牌号 (老牌号)	化学成分（%）						热处理 /℃	应用
		C	Mn	Si	Ni	Cr	其他		
马氏体型	12Cr13 (1Cr13)	0.08 ~ 0.15	≤1.0	≤1.0	≤0.6	11.5 ~ 13.5	P≤0.04 S≤0.03	950～1000 油淬或 700～750 回火快冷	作800℃以下耐氧化用部件
	13Cr13Mo (1Cr13Mo)	0.08 ~ 0.18	≤1.0	≤0.6	≤0.6	11.5 ~ 14.0	P≤0.04 S≤0.03	970～1000 油淬或 650～750 回火快冷	汽轮机叶片、高温高压耐氧化用部件
	14Cr11MoV (1Cr11MoV)	0.11 ~ 0.18	≤0.6	≤0.5	≤0.6	10.0 ~ 11.5	Mo 0.50 ~0.70 V0.25 ~0.40 P≤0.035 S≤0.03	1050～1100 空淬或 720～740 回火空冷	有较高的热强性、良好减振性及组织稳定性，用于涡轮机叶片及导向叶片
	42Cr9Si2 (4Cr9Si2)	0.35 ~ 0.50	≤0.7	2.0 ~ 3.0	≤0.6	8.0 ~ 10.0	P≤0.035 S≤0.03	1020～1040 油淬或 700～780 回火 (油冷)	有较高的热强性，作内燃机气动阀、轻负荷发动机的排气件

(1) 铁素体耐热钢。抗高温氧化和耐腐蚀性能好，但热强性较差、脆性大，常用的铁素体耐热钢有 Cr25Si2、1Cr25Ti，铁素体耐热钢不宜作冲击载荷的零件。

(2) 奥氏体型耐热钢。在 600～800℃仍具有高的热强性，高温和室温有好的塑性和韧性、良好的焊接性、冷作成形性较好，尽管切削性较差，但热强性高，故得到广泛的应用。

(3) 马氏体型耐热钢。工作温度在 450～620℃范围内，要求有更高的蠕变强度、耐蚀性和耐腐蚀磨损性。Cr13 型马氏体耐热钢，具有良好耐蚀性和较高强度。

三、不锈钢与耐热钢产品图例

不锈钢与耐热钢产品图例如图 3-13 所示。

a）不锈钢管

b）耐热钢箅板

图 3-13　不锈钢与耐热钢产品图

思维训练

【例 1】不锈钢的分类有哪些？

【答】①铁素体型不锈钢，抗大气与耐酸能力强，在 700℃ 以下具有良好的高温抗氧化性，特别是抗应力腐蚀性能较好，故多用于受力不大的耐酸结构和作抗氧化钢使用。

②马氏体型不锈钢，耐蚀性、塑性、焊接性虽不如奥氏体、铁素体型不锈钢，但由于它有较好的力学性能与耐蚀性相结合，故应用广泛。

③奥氏体型不锈钢，有很好的耐蚀性及耐热性，是目前应用最为广泛的一类不锈钢，我国奥氏体型不锈钢共有 28 种。

④铁素体—奥氏体型不锈钢，是近年发展起来的新型不锈钢。

【例 2】耐热钢的分类有哪些？

①铁素体耐热钢，抗高温氧化和耐腐蚀性能好，但热强性较差、脆性大，不宜作冲击载荷的零件。

②奥氏体型耐热钢，在 600～800℃ 仍具有高的热强性，高温和室温有好的塑性和韧性、良好的焊接性、冷作成形性较好，尽管切削性较差，但热强性高，故得到广泛的应用。

③马氏体型耐热钢，工作温度在 450～620℃ 范围内，要求有更高的蠕变强度、耐蚀性和耐腐蚀磨损性。

应用实例

目前市场不锈钢菜盆（如图 3-14 所示），其材质主要有 304 和 201 两种。

图 3-14　不锈钢菜盆

304 不锈钢为美国标准（相当于国标牌号 0Cr18Ni9、也即新标 0Cr18Ni10Ti），其化学成分：C（≤0.07%）；Si（≤1.0%）；Mn（≤2.0%）；Cr（17.0%～19.0%）；Ni（8.0%～11.0%）；S（≤0.03%）；P（≤0.035）。304 不锈钢管以其良好的耐热性，而被广泛应用于制作耐腐蚀和成型性的设备和机件。目前，304 不锈钢管已被广泛应用于食品、化工、原子能等工业设备以及装潢领域。

201（美标）不锈钢（相当于国标牌号 1Cr17Mn6Ni5N），因含镍低、含锰较高（表面带有暗黑的亮）较易生锈，耐腐蚀性能相对较差，故价格相对较为便宜。其化学成分：C（≤0.15%）；Si（≤1.0%）；Mn（≤5.5%～7.5%）；Cr（16.0%～18.0%）；Ni（3.5%～5.5%）；N（≤0.25%）；S（≤0.03%）；P（≤0.06）。

能力拓展

（1）编制一份工厂钢材采购计划。

（2）如何区分含碳量为 0.15%、0.45%、1.2% 的钢？请同学用"切削加工性"、"硬度测试"、"化学分析"、"金相组织"、"结晶温度"、"拉伸试验"、"可焊性"、"可锻性"、"铸造性能"、"淬火"等方法来讨论思考。

（3）用吸铁石能否检验不锈钢？提示：奥氏体型可以，其他不可以。

（4）不锈钢为何不生锈？提示：形成钝化膜、铬使钢基体的电极电位提高、形成单相组织。

（5）查询美国 304 钢化学成分，是否相当于我国 0Cr18Ni10Ti 不锈钢？

本章练习

一、填空题

1. 钢是一种非常重要的工程材料，它按化学成分分为碳素钢_____和合金钢两大类。碳钢除以铁、碳为其主要成分外，还含有少量的锰、硅、硫、磷等常存元素。

2. 碳素工具钢的牌号冠以"T"表示，其后数字表示平均_____千分数。若为高级优质钢，则在数字后面再加"A"字。

3. 特殊性能钢主要有_____、耐热钢、耐磨钢、磁钢等。

4. 中淬透性渗碳钢常用的中淬透性渗碳钢有 20Cr2MnTi、12CrNi3、20MnVB 等，其油淬_____淬透直径约为 25～60mm，用于制作承受中等载荷的耐磨零件。

5. T9、T10、T11 钢用于制造冲击较小而要求高硬度与耐磨的_____，如小钻头、丝锥、手锯条等。

6. 高淬透性调质钢油淬临界淬透直径约为 100mm 以上，甚至空冷也能淬成马氏体，属于_____，用于制造承受重载与强烈磨损的重要大型零件。

7. 常用不锈钢按金相组织特点则可分为马氏体型不锈钢、铁素体型不锈钢、_____、不锈钢、奥氏体－铁素体型不锈钢及沉淀硬化型不锈钢五种类型。

二、判断题

1. 工程结构用钢主要有碳素结构钢、低合金高强度结构钢等；机械结构用钢主要有优质碳素结构钢、合金结构钢、弹簧钢及滚动轴承钢等。（ ）

2. 工具钢根据用途不同，可分为刃具钢、模具钢与量具钢。（ ）

3. 碳素钢按含碳量又可分为低碳钢（C＞0.25％）、中碳钢（C＝0.25％～0.6％）和高碳钢（C＜0.6％）。（ ）

4. 常用的碳素渗碳钢为15、20钢，因其淬透性低，故表层强度及耐磨性不够高、渗碳淬火后心部强度低，淬火时变形开裂倾向大。一般用于制造形状简单、承受载荷较高、重要的大型耐磨零件。（ ）

5. 常用的高淬透性渗碳钢有12Cr2Ni4、20CrNi4及18Cr2Ni4WA等，其油淬临界淬透直径约100mm以上，空冷也能淬成马氏体，用于制造承受重载与强烈磨损的重要大型零件。（ ）

6. 碳素调质钢，一般是中碳优质碳素结构钢，如35～45钢或40Mn、50Mn等，其中以15钢应用最广。（ ）

7. 常用不锈钢按化学成分可分为铬不锈钢、镍铬不锈钢、铬锰不锈钢等。（ ）

8. 耐热钢按正火状态下组织不同，可分为铁素体型钢、马氏体型钢、奥氏体型钢等。（ ）

三、选择题

1. 按钢的冶金质量和钢中有害元素磷、硫含量，可分为：普通质量钢（P≤0.035％～0.045％，S≤0.035％～0.050％）、优质钢（ ）、高级优质钢（P、S均≤0.025％，牌号后加"A"表示）。

A. P、S均≥0.035％　　B. P、S均＝0.035％　　C. P、S均≤0.035％

2. 滚动轴承钢的牌号前冠以"G"字，其后以铬（ ）加数字来表示。数字表示平均含铬量千分数，含碳量不予标出。

A. Mn　　　　　　　B. Cr　　　　　　　　C. Si

3. 不锈钢或耐热钢的牌号表示方法，用两位或三位数字表示含碳量的最佳控制值（以万分之几或十万分之几计），如015Cr19Ni11表示含碳量的最佳控制值为（ ）。

A. 0.015％　　　　　B. 1.5％　　　　　　　C. 0.15％

4. 常用的低淬透性（ ）有20Mn2、20Cr、20MnV等，其水淬临界淬透直径为20～35mm，这类钢渗碳时心部晶粒易长大。用于制作受力不太大，不需要很高强度的耐磨零件。

A. 渗碳钢　　　　　　B. 不锈钢　　　　　　　C. 耐热钢

5. 合金钢按合金元素含量又可分为低合金钢（　　　）、中合金钢 $M_e=5\%\sim10\%$ 和高合金钢 $M_e>10\%$。

  A. $M_e<5\%$ B. $M_e=5\%$ C. $M_e\geqslant5\%$

四、名词解释

  Q235—A/F 45 钢 55Si2Mn T10A GCr15 钢

五、简答题

1. 碳素结构钢牌号表示方法有哪些？
2. 合金钢的牌号表示方法有哪些？

第四章 铸 钢

随着新技术、新工艺的不断发展,铸钢件的质量和性能有了很大提高,均达到和接近锻造件的水平,并且铸钢能制造形状复杂的零件,而锻造件则无法做到,所以工程机械上许多零件是用铸钢铸造而成的。铸钢在工业上的应用极为广泛。在铸钢生产中,为了保证铸件质量,必须使钢的性能符合技术要求。此外,还应不断发展新的铸造钢种,以满足生产和科学技术日益发展的需要。下面将学习有关铸钢材料方面的知识。

第一节 铸造碳钢

 学习目标

- 掌握铸造碳钢牌号的基本含义;
- 会根据铸造碳钢的牌号查化学成分、力学性能;
- 掌握铸造碳钢退火工艺。

 基础知识

铸造碳钢具有较高的强度、塑性和韧性,且其成本较低,在重型机械中用于制造承受大负荷的零件,如轧钢机机架、水压机底座等;在铁路及冶金车辆用于制造受力大又承受冲击的零件,如摇枕、侧架、支座、车轮等。

一、铸件

铸件一般用于制造形状复杂、力学性能要求较高的机械零件。这些形状复杂的零件很难用锻造或机械加工的方法制造。铸钢是用铸造的方法获得的,将熔化的钢液浇注到一定形状的型腔铸型中，冷却凝固后即获得具有一定形状的铸件。铸造的方法有砂型铸造、熔模铸造、金属型铸造、压力铸造、挤压铸造、离心铸造、消失模铸造、连续铸造、真空吸铸等，铸钢一般采用砂型铸造和熔模铸造的方法。铸钢的熔炼一般采用电弧炉与中频炉。

铸造碳钢的含碳量一般在 0.20～0.60%，若含碳量过高，则其塑性变差，而且铸造时易产生裂纹。

二、铸造碳钢的牌号

一般工程用铸造碳钢的牌号、成分、性能如表 4-1 所示。焊接结构用碳钢铸件的牌号、成分（GB/T7659—2010）、性能如表 4-2 所示。

表 4-1 一般工程用铸造碳钢的牌号、成分、性能（GB/T11352—2009）

牌号	化学成分（%，不大于）				热处理温度 /℃	室温下的力学性能（不小于）					
	C	Si	Mn	S, P		R_{eL} 或 $R_{p0.2}$ MPa	R_m MPa	$A_{11.3}$ %	Z %	K_V J	K_U J	硬度 HBW
ZG200—400	0.20		0.80		正火 920～940	200	400	25	40	30	47	126～149
ZG230—450	0.30	0.60			正火或退火 880～900 回火 620～680	230	450	22	32	25	35	139～169
ZG270—500	0.40		0.90	0.035	正火或退火 860～880 回火 600～620	270	500	18	25	22	27	149～187
ZG310—570	0.50				正火或退火 840～860 回火 620～650	310	570	15	21	15	24	163～217
ZG340—640	0.60	0.60			正火或退火 830～850 回火 620～650	340	640	10	18	10	16	187～228

表 4-2　焊接结构用碳钢铸件的牌号、成分、性能（GB/T7659—2010）

牌号	化学成分（%，不大于）				室温下的力学性能（不小于）				
	C	Si	Mn	S、P	R_{eL} MPa	R_m MPa	A %	Z %	KV2 J
ZG200—400H	0.20	0.60	0.80	0.025	200	400	25	40	45
ZG230—450H	0.20		1.20		230	450	22	35	45
ZG270—480H	0.17~0.25		0.80~1.20		270	480	20	35	40
ZG300—500H		0.80	1.00~1.60		300	500	20	21	40
ZG340—550H					340	550	15	21	35

生产上对铸造碳钢的要求是具有一定的机械性能。机械性能的主要指标通常指的是强度（屈服强度 R_{eL} 和抗拉强度 R_m）、塑性（延伸率 A 和断面收缩率 Z）以及韧性（冲击韧性 K）。

钢的机械性能由它的金相组织决定，而金相组织则基本上是由钢的化学成分、结晶条件和热处理情况决定。碳钢的化学成分除铁以外，主要包括碳、硅、锰、磷和硫。在这五种元素之中起主要作用的是碳，含碳量的多少直接影响钢的金相组织和机械性能，铸钢就是以含碳量划分规格的。硅和锰的含量要求控制在一定范围内，在范围内波动时，对钢的机械性能没有显著的影响。磷和硫可降低钢的机械性能，是有害的杂质，要求控制在一定的限度以下。

铸造碳钢的熔炼过程是最为关键环节之一。为了获得合格铸件，必须严格控制浇注温度（见表 4-3）及浇注速度。

表 4-3　铸造碳钢的出炉及浇注温度

钢液温度	铸造碳钢含碳量（%）				
	0.1~0.2	0.2~0.3	0.3~0.4	0.4~0.5	0.5~0.6
出炉温度/℃	1620~1640	1610~1630	1600~1620	1950~1610	1580~1600
浇注温度/℃	1540~1560	1530~1550	1520~1540	1510~1530	1500~1520

三、铸态组织

碳钢在铸态下的机械性能是比较差的，特别是冲击韧性较低。其机械性能差的原因除了可能存在铸造缺陷（如缩孔、缩松、气孔、裂纹等）以外，很重要的原因是金相组织上存在着缺点，主要表现为晶粒粗大和魏氏组织。此外，在铸件内部还存在着内应力。

四、热处理

一般铸钢件的热处理有三个目的：细化晶粒、消除魏氏组织和消除铸造应力。碳钢铸件的热处理方法有全退火、正火和正火加回火。

1. 全退火

将铸件加热至奥氏体区的温度并保温一段时间，然后随炉冷却的热处理方法称为全退火。这种方法也简称为退火。

适宜的加热温度是加热至上临界温度（A_{c3}）以上 30～50℃，具体温度应依照钢的含碳量而定。加热温度过低不能完成由珠光体到奥氏体的转变，晶粒不能细化，魏氏组织不能消除。加热温度过高又会使钢的晶粒粗化，而且可能出现过热组织。

2. 正火

正火所采用的加热温度及保温时间与全退火相同，不同之处是保温时间达到后将铸件拉出炉外进行空冷直到常温。正火处理的钢的机械性能，特别是冲击韧性，要比全退火处理的钢更高一些。这些热处理方法除了能得到较高的机械性能以外，还有占用炉子时间较短、生产效率较高的优点。它的缺点是铸件的内应力比全退火处理的大些。正火处理可用于含碳量在 0.35% 以下的铸钢件，因为这样的钢塑性好，铸件不易开裂。

3. 正火加回火

为了近一步提高钢的机械性能，可以采取在正火后加以回火的热处理工艺。应该指出，在加热铸件的过程中，应该适当控制升温速度。快速升温会使铸件上的薄壁部分与厚壁部分之间的温度差以及表面层与中心部分之间的温度差增大，从而使铸件中的热应力增大，易导致铸件开裂。此外，对形状比较复杂的铸件，当炉温升到 650～800℃ 时，应缓慢升温或在此温度下保温一段时间。如果升温较快，容易使铸件产生裂纹。因为在这个温度区间，碳钢发生相变（珠光体转变为奥氏体），且伴随有体积变化，产生相变应力。碳钢铸件不采用淬火处理的方法。这是由于铸造碳钢的塑性较差，而且铸件的结构通常比较复杂，采用淬火处理时容易发生开裂的缘故。

五、铸造合金钢

碳钢虽然应用很广，但是在性能上有许多不足之处，如淬透性差，大截面工件无法通过热处理进行强化；机械性能有限；抗磨、耐蚀，耐热性能较差，已不能满足现代工业发展对铸钢件的多方面需要，因而，合金钢铸件获得了日益发展。

为了改善和提高铸造碳钢的某些性能，在铸钢中加入一种或几种合金元素（常用于加入钢中的合金元素主要有 Cr、Cu、Ni、W、Co、Al、V、B 等），即为铸造合金钢。

1. 常用铸钢冶炼电炉

（1）中频感应炉（见图 4-1），是一种利用物料的感应电热效应而使物料加热或熔化的电炉，其加热速度快、生产效率高、氧化烧损少、节省材料。

图 4-1　中频感应电炉结构简图

（2）电弧炉（见图 4-2）熔炼，是利用石墨电极与铁料（铁液）之间产生电弧所发生的热量来熔化铁料和使铁液进行过热的。生产上普遍使用的是三相电弧炉，碱性电弧炉具有脱硫和脱磷的能力，熔炼速度快、钢液温度高，缺点是耗电能多。

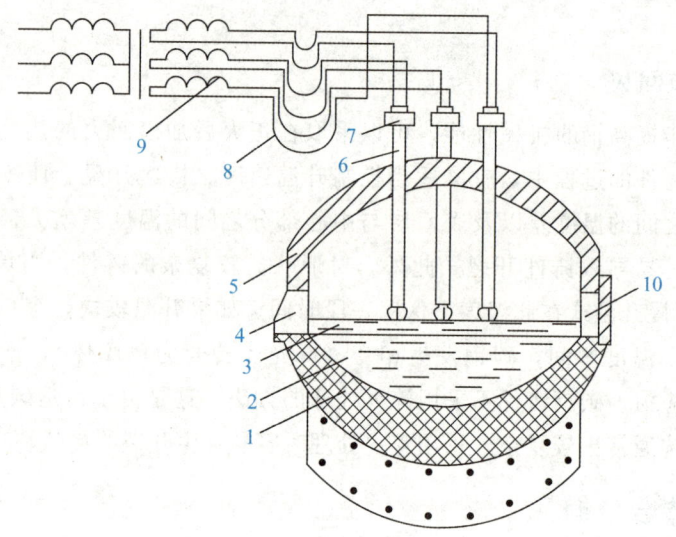

图 4-2　三相电弧炉构造简图

1—炉底；2—钢液；3—渣层；4—流钢嘴；5—炉顶；6—电极；7—电极夹持器；
8—短网；9—电炉变压器；10—炉门

2. 中频电炉配料计算

（1）原始资料。

1）铸件要求的化学成分（即钢水化学成分）。

2) 回炉料（浇冒口及废铸件）的化学成分。

3) 生铁、废钢、硅铁、锰铁的化学成分。

4) 熔炼过程中元素的增减率。

5) 炉前加入合金元素的收得率。

(2) 计算炉料中各元素的应有含量。

1) 炉料含碳量：$C_{炉料}\% = [C_{钢水}\%（炉料含碳量）] \div (1-碳烧损率)$。

2) 炉料含硅量：$Si_{炉料}\% = Si_{钢水}\%（铁水含硅量） \div (1+硅增加率)$。

3) 炉料含锰量：$Mn_{炉料}\% = Mn_{钢水}\%（铁水含锰量） \div (1-锰烧损率)$。

4) 炉料含硫量：$S_{炉料}\% < S_{钢水}\%（铁水含硫量）$。

5) 炉料含磷量：$P_{炉料}\% < P_{钢水}\%（铁水含磷量）$。

(3) 初步确定炉料配比。

1) 回炉料配比：回炉料加入量，根据实际确定。

2) 设废钢加入量为 $x\%$，则生铁加入量为 $1-$ 废钢加入量 $-x\%$。根据回炉料、生铁、废钢含碳量计算出相应配比。

3) 计算硅铁、锰铁加入量：Z15 生铁含硅（锰）量 $=\omega_{Si生铁}\%$（$\omega_{Mn生铁}\%$）× 生铁配比，废钢含硅（锰）量 $=\omega_{Si废钢}\%$（$\omega_{Mn废钢}\%$）× 废钢配比，回炉料含硅（锰）量 $=\omega_{Si回炉料}\%$（$\omega_{Mn回炉料}\%$）× 回炉料配比。缺硅（锰）量 = 钢水含硅（锰）量 $-$ Z15 生铁含硅（锰）量 $-$ 废钢含硅（锰）量 $-$ 回炉料含硅（锰）量。按 100kg 炉料计算硅铁加入量：缺硅，锰量 ÷ 硅铁（锰铁）含硅（锰）量。

(4) 校核磷硫含量是否符合要求。

生铁含硫（磷）量 $=\omega_{S生铁}\%$（$P_{生铁}\%$）× 生铁配比，废钢含硫（磷）量 $=\omega_{S废钢}\%$（$\omega_{P废钢}\%$）× 废钢配比，回炉料含硫（磷）量 $=\omega_{S回炉料}\%$（$\omega_{P回炉料}\%$）× 回炉料配比。[生铁含硫（磷）量 + 废钢含硫（磷）量 + 回炉料含硫（磷）量] $<$ 铁水硫（磷）量。一般采用含硅 45% 硅铁、含锰 75% 锰铁；中频酸性感应电炉一般 Si 增加率 5%、Mn 烧损率 15%、碳烧损率 10%，硫和磷几乎不变化；炉前加入 Si 收得率为 100%、Mn 收得率为 90%。

六、铸造碳钢件产品图例

铸造碳钢件产品如图 4-3 所示。

a) 合金钢泵体　　　b) ZG230-450 侧架　　　c) 三通阀门

图 4-3　铸造碳钢件产品图

思维训练

【例1】铸件壁厚与铸件的力学性能有什么关系？

【答】壁厚越大，凝固冷却越慢，晶粒越粗大；枝晶臂间距越大；缩松越严重，铸件致密性越低，组织连续性越差。

【例2】铸造碳钢五大元素是什么？在化学成分中对铸造碳钢力学性能影响最大的元素是什么？为什么？

【答】C、Si、Mn、P、S。在化学成分中对铸造碳钢力学性能影响最大的元素是C，C是钢的主要强化元素，含碳量直接影响钢的力学性能。

应用实例

铸钢载重车轮（见图4-4）是专用运输设备不可缺少的关键运动部件，铸件单重分别为0.85t；最大外形尺寸为$\Phi 1200mm \times 200mm$。车轮踏面（即工作面）机械加工后磁粉探伤不允许有任何表面或皮下缺陷，与轨道直接接触的工作面不许补焊，铸件内部无缩孔或缩松、裂纹、气孔及任何铸造缺陷，铸件尺寸精度要求达到CT6～CT8，铸件内表面粗糙度要求达到$R_a \leqslant 12.5 \mu m$。

图4-4 车轮

根据车轮是在重载低速下工作，且结构复杂所以选用ZG340—640作为车轮材料，请给出：①车轮材料选用依据。②材质牌号表示方法。③化学成分及力学性能。

车轮采用铸钢ZG340—640，其选用材料依据是：铸造用碳钢一般用于制造形状复杂，力学性能要求较高的机械零件。这些零件形状复杂，很难用锻造或机械加工的方法制造，又由于力学性能要求较高，不能用铸铁来铸造。铸造碳钢广泛用于制造重型机械的某些零件。ZG340—640有高的强度、硬度和耐磨性、切削性能中等，焊接性差、裂纹敏感性大，常用作齿轮、棘轮等。

材质牌号表示方法：铸造碳钢的含碳量一般在0.20%～0.60%，如果含碳量过高则塑性变差，而且铸造时易产生裂纹。

铸造碳钢的牌号是用"铸钢"两汉字的汉语拼音字母字头"ZG"后面加两组数字组成：第一组数字代表屈服点，第二组数字代表抗拉强度值。ZG340—640表示屈服点不小于 340MPa，抗拉强度不小于 640MPa 的铸造碳钢。

材质牌号 ZG340—640 的化学成分是：内控标准为 C（0.52%～0.6%）、Mn（0.5%～0.8%）、Si（0.2%～0.45%）、S 允许残留量不大于 0.04%、P 允许残留量不大于 0.04%；Al 允许残留量不小于 0.02%。其力学性能（国标）是：R_{eL}≥340MPa、R_m≥640MPa、A≥10%、Z≥18%。

第二节　高锰钢

学习目标

- 掌握高锰钢牌号的基本含义；
- 会根据高锰钢的牌号查化学成分、应用；
- 掌握高锰钢水韧处理工艺和高锰钢的特点。

基础知识

高锰钢是一种高强度的抗磨钢，所谓抗磨钢是指在没有润滑的条件下经受磨粒的摩擦而具有高抗磨性的钢种。高锰钢最重要的特点是在强烈的冲击、挤压条件下，表层迅速发生加工硬化现象，使其芯部仍保持奥氏体良好的韧性和塑性的同时硬化层具有良好的耐磨性能。

一、高锰钢牌号、成分及适用范围

在高锰钢中，碳含量较高可以提高耐磨性；锰含量很高，可以保证热处理后得到单相奥氏体组织。另一方面，在高锰奥氏体钢中，碳促使钢产生加工硬化。高锰钢中必须具有相当高的含碳量，才能起到有效的加工硬化作用。

高锰钢牌号是 ZGMn13 型，ω_C 0.75%～1.5%，ω_{Mn} 11%～14%。通常锰碳比（Mn/C）控制在 9～11。对于耐磨性要求较高、冲击韧性要求稍低、形状不复杂的零件，锰碳比取低限（ω_C　1.2%～1.3%，ω_{Mn}　11%～14%）；反之，则取高限（ω_C　0.75%～1.1%，ω_{Mn}　10%～13%）。

为了进一步提纲高锰钢的耐磨性，在高锰钢中加入 Cr、Mo、V、Ti 等元素，既可强化奥氏体基体，又可得到弥散分布的碳化物硬质点。因此，不仅能提高高锰钢的强度和硬度，而且还会增加高锰钢的耐磨性，从而增大高锰钢的加工硬化能力和抗疲劳破坏能力。由于高锰钢极易加工硬化，使切削加工困难，故大多数高锰钢零件是采用铸造成形的。

铸造高锰钢的牌号和成分如表 4-4 所示。

表 4-4　铸造高锰钢牌号、成分（GB/T5680—2010）

牌号	化学成分（%）					
	C	Mn	Si	P	S	其他
ZG120Mn7Mo1	1.05~1.35	6~8	0.3~0.9	≤0.06	≤0.04	Mo0.9~1.2
ZG110Mn13Mo1	0.75~1.35					Mo0.9~1.2
ZG100Mn13	0.90~1.05	11~14				—
ZG120Mn13	1.05~1.35					—
ZG120Mn13Cr2						Cr1.5~2.5
ZG120Mn13W1						W0.9~1.2
ZG90Mn14Ni3						Ni3.0~4.0
ZG120Mn13Mo1	0.70~1.00	13~15				Mo1.0~1.8
ZG120Mn17	1.05~1.35	16~19	0.3~0.6			—
ZG120Mn17Cr2			0.3~0.9			Cr1.5~2.5

二、高锰钢水韧处理

高锰钢是典型的抗磨钢，铸造高锰钢铸态组织中存在着沿奥氏体晶界析出的碳化物，它降低钢的强度并使钢发脆，使钢的力学性能变坏；特别是使冲击韧性和耐磨性降低，因此必须设法消除已经形成的碳化物。为此，将钢加热至奥氏体区的温度（1050~1100℃）并保温一段时间，使碳化物全部溶解在奥氏体中，然后在水中淬火以造成快速冷却的条件，防止碳化物析出，因而得到单一的奥氏体组织，从而使其具有强、韧结合耐冲击的优良性能。这种通过水淬而得到高韧性的高锰钢的热处理方式称为水韧处理。水韧处理过程包括加热、保温和淬火三个段阶段。

1. 加热速度

高锰钢的导热性比碳钢低一倍多，而它的受缩率约为碳钢的 1.9 倍，因而在加热过程中，铸件中的内应力较大。由于铸态组织中有碳化物存在，消弱钢的强度、降低钢的塑性，使铸件容易开裂，所以加热速度不宜太快，特别是在常温加热至 600℃ 的一段温度区间中，钢的塑性低，更易于促使铸件开裂。因此对于加热速度应予以控制。具体加热速度可按照铸件的厚度及复杂程度而定，对壁厚小于 25mm 的薄壁铸件，可用 70℃/h 的加热速度；对 25~50mm 中等壁厚铸件，可用 50℃/h 的加热速度；对大于 50mm 厚壁铸件和形状复杂铸件，可用 30~50℃/h 的加热速度。待温度升值 600℃ 以上，由于钢的塑性有所提高，开裂的危险性减小，可以提高加热速度对所有的铸件可一律采用 100~150℃/h 的加热速度升温，直到淬火温度为止。

2. 加热温度和保温时间

加热温度（淬火温度）应保证钢中的碳化物能完全固溶到奥氏体中去。一般采用的加热温度是 1050～1100℃，这样的温度能保证钢中的碳化物较快地充分溶解。一方面是使用少量的尚未溶解的碳化物继续溶解，另一方面是使已经溶解在奥氏体中的碳扩散而均匀化，以减少在以后的过程中碳化物重新析出的可能性。适宜的保温时间随铸件的壁厚而定。

3. 淬火的要求

加热保温后应迅速地将铸件从炉中拉出投入水中，从开炉门到铸件入水这一段时间愈短愈好，以保证铸件入水时的温度不低于 1000℃，否则在淬火前就已经重新析出碳化物。为了保证在淬火过程中有足够的冷却能力，淬火池中水的温度应不高于 50℃。

由于钢具有奥氏体组织，塑性很好，淬火时虽然在铸件中会产生很大的内应力，也不至于开裂。

经水韧处理后性能为：$R_m \geqslant 637 \sim 735 \text{MPa}$，$A \geqslant 20\% \sim 35\%$，硬度 $\leqslant 229 \text{HBW}$，$K \geqslant 120 \text{J}$。这种钢本身的硬度并不高，仅为 200HBW 左右，然而在工作时，如受到强烈的冲击、压力与摩擦，则表面因塑性变形会产生强烈的加工硬化，而使表面硬度提高到 500～550HBW，因而获得高的耐磨性，而芯部仍保持原来奥氏体所具有的高的塑性与韧性。当旧表面磨损后，新露出的表面又可在冲击与摩擦作用下获得新的耐磨层，故这种钢具有很高的抗冲击能力与耐磨性。如果高锰钢不是在受冲击或积压的条件下经受摩擦，就不会发生加工硬化现象，钢就显得很不耐磨。

三、高锰钢的应用

耐磨高锰钢适用于冶金、建材、电力、建筑、铁路、国防、煤炭、化工和机械等行业的受不同程度冲击负荷的耐磨损铸件，如球磨机衬板，锤式破碎机锤头，颚式破碎机颚板，破碎壁，挖掘机斗齿、斗壁，铁道道岔，拖拉机和坦克的履带板等抗冲击、抗磨损的铸件，以及防弹钢板，保险箱钢板等。

应用实例

（1）高锰钢鄂头 ZGMn13 水韧处理工艺。高锰钢鄂头 ZGMn13 水韧处理工艺如图 4-6 所示。

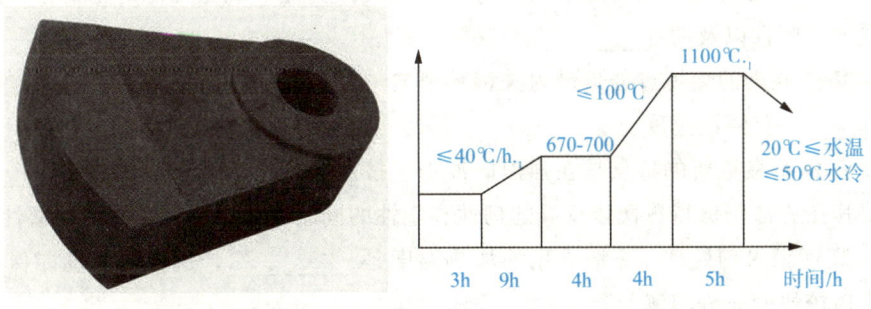

图 4-6 高锰钢鄂头 ZGMn13 水韧处理工艺

炉温不大于200℃入炉，缓慢加热至670～700℃（升温速度不大于40℃/h），保温4h后加热至1100℃（升温速度不大于100℃/h），保温5h，水冷。

(2) 挖掘机铲齿如图4-7所示，材质ZGMn13。

水韧处理工艺：炉温不大于200℃入炉，在大型高温箱式炉中均匀缓慢升温至630～720℃（加热速度不大于50℃/h），保温1.5h后加热至1050～1080℃，保温5h，快速入水冷却。要求冷却前后水温均应不超过30℃，同时要配备循环水泵，不断添加凉水，水的容积为铸件的8倍以上。另外，从出炉到入水的时间应在3min内完成，铲齿表面温度应不低于950℃，否则会造成碳化物的析出。水韧处理后获得奥氏体组织的力学性能：$R_m = 800 \sim 1000 \text{MPa}$、$R_{P0.2} = 250 \sim 400 \text{MPa}$、$A = 35\% \sim 55\%$、$Z = 40\% \sim 50\%$、奥氏体组织硬度为220HBW，$K_U = 180 \text{J}$。

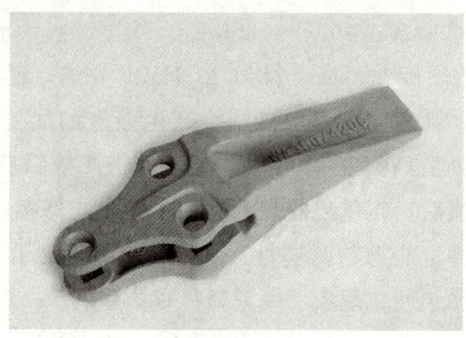

图4-7 挖掘机铲齿

本章练习

一、填空题

1. 铸钢是用_____的方法获得的，将熔化的钢液浇注到一定形状的型腔铸型中，冷却凝固后即获得具有一定形状的铸件。

2. 生产上对铸造碳钢的要求是具有一定的机械性能，机械性能的主要指标通常指的是强度、塑性以及韧性_____。

3. 铸造碳钢的熔炼过程是最为关键环节之一，为了获得合格铸件，必须严格控制浇注_____及浇注速度。

4. 高锰钢最重要的特点是在强烈的冲击、挤压条件下，表层迅速发生_____现象，使其在心部仍保持奥氏体良好的韧性和塑性的同时硬化层具有良好的耐磨性能。

5. 高锰钢水韧处理，一般采用的加热温度是_____℃，这样的温度能保证钢中的碳化物较快的充分溶解。

6. 由于高锰钢极易加工硬化，使切削加工_____，故大多数高锰钢零件是采用铸造成形的。

7. 铸造的方法有砂型铸造、熔模铸造、金属型铸造、压力铸造、挤压铸造、离心铸造、消失模铸造、连续铸造、真空吸铸等，铸钢一般采用_____铸造和熔模铸造的方法。

二、判断题

1. 铸造碳钢具有较高的强度、塑性和韧性，成本较低，在重型机械中用于制造承受大负荷的零件，如轧钢机机架、水压机底座等。（　　）

2. ZG200-400具有良好的塑性、韧度和焊接性，适用于受力不大，要求一定韧度的各种机械零件，如机座、变速箱壳等。（　　）

3. 一般铸钢件的热处理有三个目的：细化晶粒、消除魏氏组织和消除铸造应力。碳钢铸件的热处理方法有全退火、正火和正火加回火。（　　）

4. 碳钢在铸态下的机械性能是比较好的，不需要热处理。（　　）

5. 高锰钢铸态组织中有碳化物存在，在常温加热至600℃的一段温度区间中，钢的塑性低，更易于促使铸件开裂。（　　）

6. 由于铸造碳钢塑性很好，淬火时会产生很大的内应力，铸件就会开裂。（　　）

7. 如果高锰钢不是在受冲击或积压的条件下经受摩擦，就不会发生加工硬化现象，高锰钢也很耐磨。（　　）

8. 在高锰奥氏体钢中，碳促使钢产生加工硬化。高锰钢中必须具有相当高的含碳量，才能起到有效的加工硬化作用。（　　）

三、选择题

1. 铸钢的熔炼一般采用电弧炉与（　　）。
   A. 中频炉　　　　　　B. 工频炉　　　　　　C. 高频炉

2. 铸造碳钢的含碳量一般在（　　），若含碳量过高，则塑性变差，而且铸造时易产生裂纹。
   A. ≤0.20%　　　　　B. 0.20～0.60%　　　C. ≥0.60%

3. 碳钢的化学成分除铁以外，主要包括碳、硅、锰、磷和硫。在这五种元素之中起主要作用的是碳，含碳量的多少直接影响钢的金相组织和机械性能，铸造碳钢就是以（　　）划分规格的。
   A. 含锰量　　　　　　B. 含硅量　　　　　　C. 含碳量

4. 在高锰钢中，碳含量较高可以提高耐磨性；（　　）含量很高，可以保证热处理后得到单相奥氏体组织。
   A. 锰　　　　　　　　B. 硅　　　　　　　　C. 磷

5. 高锰钢牌号是ZGMn13型，含C量为0.75%～1.5%，含Mn量为（　　）。
   A. 1.1%～1.4%　　　B. 11%～14%　　　　C. 0.11%～0.14%

6. 高锰钢加热保温后应迅速地将铸件从炉中拉出投入水中，以保证铸件入水时的温度不低于（　　），否则在淬火前就已经重新析出碳化物。

A. 50℃　　　　　　B. 600℃　　　　　　C. 1000℃

四、名词解释

铸钢件全退火　　　　铸造合金钢

高锰钢　　　　　　　高锰钢水韧处理

五、简单题

1. 铸钢的牌号的表示方法有哪些？
2. 简述 ZG230-450 的含义及其性能与应用。
3. 高锰钢的特性有哪些？
4. 简述高锰钢的应用。

第五章 铸铁

铸铁是碳含量大于 2.11%（一般为 2.5%～4%）的铁碳合金。碳在铸铁中即可形成化合状态的渗碳体（Fe_3C），也可形成游离状态的石墨（G）。

第一节 铸铁的相关知识

- 了解铸铁的分类；
- 了解铁碳合金双重相图；
- 熟悉石墨化过程。

一、铸铁的分类

根据碳在铸铁中存在形式的不同，铸铁可分为三类。

1. 灰口铸铁

碳全部或大部分以游离状态的石墨存在于铸铁中，其断口呈暗灰色，故称灰口铸铁。根据灰口铸铁中石墨形态的不同又可分为以下四种：

（1）灰铸铁：铸铁中石墨呈片状存在。灰铸铁的力学性能不高，但其的生产工艺简单，价格低廉，故工业上应用最广。

（2）可锻铸铁：铸铁中石墨呈团絮状存在。可锻铸铁力学性能（特别是韧性和塑性）较灰铸铁高，并接近于球墨铸铁。

（3）球墨铸铁：铸铁中石墨呈球状存在。球墨铸铁不仅力学性能比灰铸铁高，还可以通过热处理进一步提高其力学性能，所以在生产中应用广泛。

（4）蠕墨铸铁：铸铁中石墨呈蠕虫状存在。蠕墨铸铁力学性能也介于灰铸铁与球墨铸铁之间。

2. 白口铸铁

碳除少量溶于铁素体外，其余的碳都以渗碳体的形式存在于铸铁中，其断口呈银白色，故称白口铸铁。组织中都存在着共晶莱氏体，性能硬而脆，很难切削加工，主要用做炼原料。表层为白口铸铁、内部为灰铸铁的冷硬铸铁应用于一些耐磨零件，如轧辊、球磨机磨球及犁铧等。

3. 麻口铸铁

碳一部分以石墨形式存在，另一部分以自由渗碳体形式存在，断口上呈黑白相间的麻点，故称麻口铸铁。其具有较大的硬脆性，故工业上很少应用。

二、铁碳合金双重相图

铁碳合金双重相图如图 5-1 所示。碳在铸铁中存在的形式有渗碳体（Fe_3C）和游离状态的石墨（G）两种。石墨的晶体结构为简单六方晶格（见图 5-2）。

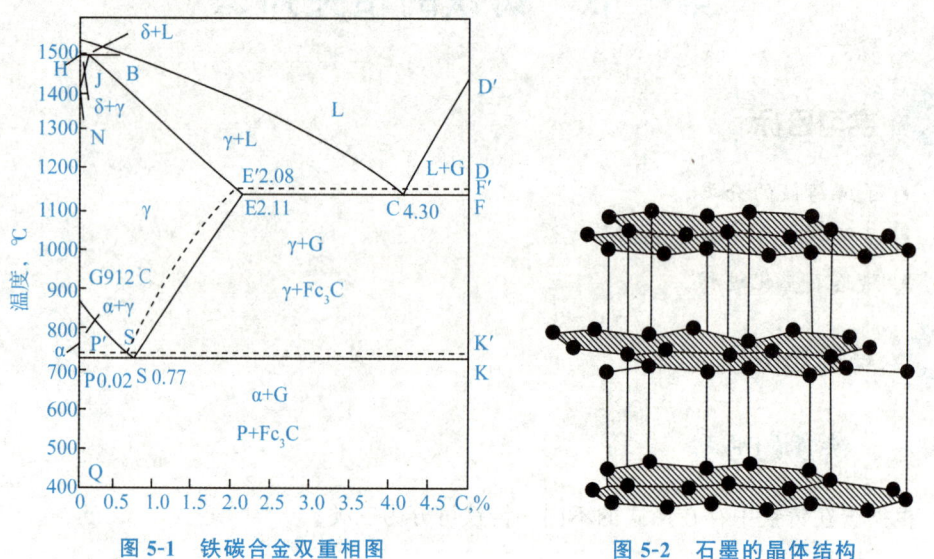

图 5-1　铁碳合金双重相图　　　　图 5-2　石墨的晶体结构

实践证明，渗碳体若加热到高温，又可分解为铁素体与石墨，即 $Fe_3C \rightarrow 3Fe + C$（G）。这表明石墨是稳定相，而渗碳体仅是亚稳定相。成分相同的铁液在冷却时，冷却速度越慢，析出石墨的可能性越大；冷却速度越快，析出渗碳体的可能性越大。

三、石墨化过程

第一阶段是一次渗碳体和共晶渗碳体在高温下分解而析出石墨，中间阶段是二次渗碳体分解而析出石墨，第三阶段是共析渗碳体分解而析出石墨。石墨化过程是原子扩散过程，所以石墨化的温度越低，原子扩散越困难，因而越不易石墨化。显然，由于石墨化程度的不同，将获得不同基体的铸铁组织。

铸铁的化学成分和结晶过程中的冷却速度是影响石墨化的主要因素。

1. 化学成分的影响

（1）碳和硅是强烈促进石墨化的元素，铸铁中碳和硅的含量越高，石墨化程度越充分。实践表明，铸铁中硅的含量每增加 1%，共晶点的碳含量相应降低 0.33%。

（2）锰是阻止石墨化的元素，但锰与硫能形成硫化锰，减弱了硫对石墨化的阻止作用，结果又间接地起着促进石墨化的作用，因此，铸铁中含锰量要适当。

（3）硫是强烈阻止石墨化的元素，这是因为硫不仅增强铁、碳原子的结合力，而且形成硫化物后，常以共晶体形式分布在晶界上，阻碍碳原子的扩散。此外，硫还降低铁液的流动性并促进高温铸件开裂。所以硫是有害元素，铸铁中含硫量越低越好。

（4）磷是微弱促进石墨化的元素，同时磷能提高铁液的流动性，但形成的 Fe_3P 常以共晶体形式分布在晶界上，增加铸铁的脆性，使铸铁在冷却过程中易于开裂，所以一般铸铁中含磷量也应严格控制。

2. 冷却速度的影响

在实际生产中，往往发现同一铸件厚壁处为灰铸铁，而薄壁处出现白口铸铁的现象。这说明在化学成分相同的情况下，铸铁结晶时：厚壁处由于冷却速度慢，有利于石墨化过程的进行，薄壁处由于冷却速度快，不利于石墨化过程的进行。当铁液的碳当量较高，结晶过程中的冷却速度较慢时，易于形成灰铸铁。反之，则易形成白口铸铁。

第一节　灰铸铁

学习目标

- 掌握灰铸铁牌号的基本含义；
- 会根据灰铸铁的牌号查化学成分、力学性能；
- 掌握灰铸铁去应力退火工艺。

基础知识

灰铸铁是指具有片状石墨的铸铁，因断裂时断口呈暗灰色，故称为灰铸铁。灰铸铁的主要成分是铁、碳、硅、锰、硫、磷，是应用最广的铸铁，其产量占铸铁总产量 80% 以上。

一、灰铸铁的化学成分、组织和性能

1. 灰铸铁的化学成分

在目前的生产中,灰铸铁的化学成分范围一般为:C(2.7%~3.6%),Si(1.0%~2.5%),Mn(0.5%~1.3%),P(≤0.3%),S(≤0.15%)。铸铁的力学性能主要由其结晶组织所决定的,要控制力学性能,就必须控制其金相组织。

2. 灰铸铁的性能

灰铸铁的抗拉强度、塑性、韧性和弹性模量远比相应基体的钢低,石墨片的数量越多、尺寸越粗大、分布越不均匀,对基体的割裂作用和应力集中现象越严重,则铸铁的强度、塑性与韧性就越低。灰铸铁的牌号、化学成分、力学性能(GB/T9439—2010)及应用如表5-1所示。

表5-1 灰铸铁的牌号、化学成分、力学性能及应用(GB/T9439—2010)

牌号	显微组织	化学成分(参考)(%)					壁厚 mm	试棒 R_m	应用
		C	Si	Mn	P	S			
HT100	铁素体灰铸铁(F+G) 铁素体基体上分布片状石墨	3.4~3.9	2.1~2.6	0.5~0.6	≤0.3	≤0.15		100MPa	低载荷和不重要零件,如盖、外罩、手轮、支架、重锤等
HT150	铁素体+珠光体灰铸铁(F+P+G) 珠光体+铁素体基体分布片状石墨	3.2~3.5	2.0~2.4	0.5~0.8	≤0.3	≤0.15	<30	150MPa	承受中等载荷零件,如支柱、底座、齿轮箱、工作台、刀架、端盖、阀体、管路附件
		3.2~3.5	1.9~2.3	0.5~0.8	≤0.3	≤0.15	30~50		

(续表)

牌号	显微组织	化学成分（参考）(%)					壁厚 mm	试棒 R_m	应用
		C	Si	Mn	P	S			
HT200		3.2~3.5	1.6~2.0	0.7~0.9	≤0.3	≤0.12	<30	200 MPa	承受较大载荷的较重要零件，如汽缸体、齿轮、机座、飞轮、床身、缸套、活塞、制动轮、联轴器、齿轮箱、轴承座、液压缸
		3.1~3.4	1.5~1.8	0.7~0.9	≤0.3	≤0.12	30~50		
HT250	珠光体灰铸铁（P+G）珠光体基体上分布片状石墨	3.0~3.3	1.5~1.8	0.8~1.0	≤0.2	≤0.12	<30	250 MPa	
		2.9~3.2	1.4~1.7	0.9~1.1	≤0.2	≤0.12	30~50		
HT300		3.0~3.3	1.4~1.7	0.8~1.0	≤0.15	≤0.12	<30	300 MPa	承受高载荷的重要零件，如齿轮、凸轮、车床卡盘、剪床和压力机的机身、床身、高压液压缸、滑阀壳体等
		2.9~3.2	1.3~1.6	0.9~1.1	≤0.15	≤0.12	30~50		
HT350		2.8~3.1	1.3~1.6	1.0~1.3	≤0.15	≤0.10	<30	350 MPa	
		2.8~3.1	1.2~1.5	1.0~1.3	≤0.15	≤0.10	30~50		

3. 灰铸铁的牌号

灰铸铁的牌号中"HT"是"灰铁"两字汉语拼音的第首字母，后面三位数字表示直径30mm单铸试棒的最小抗拉强度值（MPa）。

石墨虽然会降低铸铁的抗拉强度、塑性和韧性，但也正由于石墨的存在，使铸铁具有一系列其他优良性能。

（1）铸造性能良好，灰铸铁能浇铸形状复杂与壁薄的铸件。

（2）减摩性好，石墨本身具有润滑作用，所遗留下的孔隙具有吸附和储存润滑油的能力，具有良好的减摩性，所以承受摩擦的机床导轨、气缸体等零件可用灰铸铁制造。

(3) 减振性强，石墨能起缓冲作用，它阻止振动的传播，故常用作承受压力和振动的机床底座、机架、机身和箱体等零件。

(4) 可加工性良好。

(5) 缺口敏感性较低。

二、灰铸铁的孕育处理

灰铸铁组织中石墨片比较粗大，因而它的力学性能较低。为了提高灰铸铁的力学性能，生产上常进行孕育处理。孕育处理就是在浇注前往铁液中加入少量孕育剂，改变铁液的结晶条件，从而获得细珠光体基体加上细小均匀分布的片状石墨的组织。经孕育处理后的铸铁称为孕育铸铁（主要包括 HT250、HT300、HT350）。

生产中常用的孕育剂为硅铁和硅钙合金等，其中以含 Si 量 75% 的硅铁最为常用。孕育处理时，这些孕育剂或它们的氧化物（如 SiO_2、CaO）在铁液中形成大量的、高度弥散的难熔质点，悬浮在铁液中，成为大量的石墨结晶核心，使石墨细小并分布均匀，从而提高了灰铸铁的力学性能。生产孕育铸铁的主要条件：一是选择适宜的碳、硅含量（碳当量），一般 C（2.7%～3.6%），Si（1.0%～2.2%），Mn（0.8%～1.2%），S（≤0.15%），P（≤0.3%）（缸套、床身为 0.4%～1.0%）。二是铁液要有一定的过热温度，一般不小于 1450～1470℃。三是加入一定量的孕育剂，一般加入量为 0.2%～0.7%。

三、铸铁熔炼配料

铸铁熔炼冲天炉结构简图如图 5-6 所示。

铸铁熔炉种类很多，其中冲天炉应用最广，常见的是以焦炭为燃料。熔化率高，成本低，可连续作业；但铁水和焦炭接触有增硫、增碳的现象，元素烧损较大。

四、灰铸铁的热处理

1. 去应力退火

去应力退火通常是将铸件缓慢加热到 500～560℃，保温一段时间（每 10mm 厚度保温 1h），然后以极缓慢的速度随炉冷

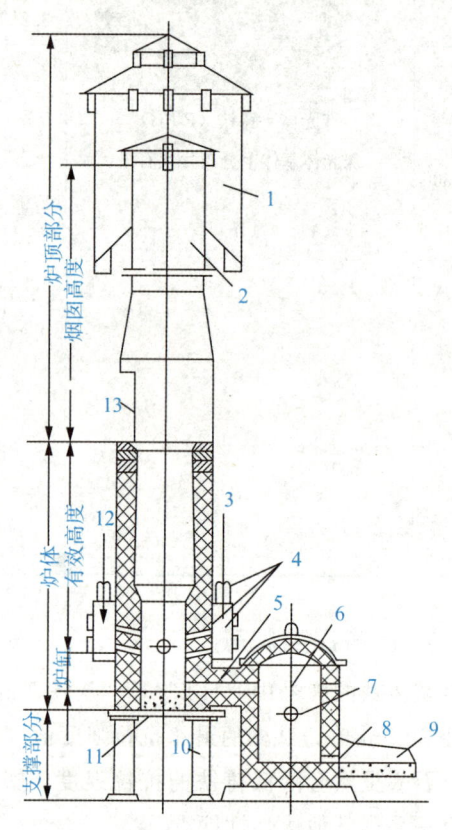

图 5-3　铸铁熔炼冲天炉结构简图

1—除尘器；2—烟囱；3—进风；4—送风系统；5—过桥；6—前炉；7—出渣口；8—出铁口；9—出铁槽；10—支柱；11—炉底板；12—通风；13—加料口

至150～200℃后出炉。此时，铸件的内应力基本上被消除。

2. 消除铸件白口、改善可加工性的退火

消除白口的退火，一般是把铸铁加热到800～900℃，保温2～5h，然后在随炉缓慢冷却过程中，待随炉缓冷到500～400℃时，再出炉空冷，这样就可获得铁素体或铁素体＋珠光体基体的灰铸铁，从而降低了铸铁的硬度，改善了可加工性。若采用较快的冷却速度，则最终获得珠光体基体的灰铸体，增加了铸件的强度和耐磨性。

3. 表面淬火

表面淬火的目的是提高灰铸铁件的表面硬度和耐磨性。其方法除感应淬火外，铸铁还可采用接触电阻加热表面淬火。

五、冲天炉配料计算

1. 原始资料

(1) 铸件要求的化学成分（即铁水化学成分）。
(2) 回炉料（浇冒口及废铸件）的化学成分。
(3) 生铁、废钢、硅铁、锰铁的化学成分。
(4) 熔炼过程中元素的增减率。
(5) 炉前加入合金元素的收得率。

2. 计算炉料中各元素的应有含量

(1) 炉料含碳量：$w_{C炉料}\% = [w_{C铁水}\%（铁水含碳量）－1.8\%（冲天炉增碳系数）]÷0.5$
(2) 炉料含硅量：$w_{Si炉料}\% = w_{Si铁水}\%（铁水含硅量）÷（1－硅烧损率）$
(3) 炉料含锰量：$w_{Mn炉料}\% = w_{Mn铁水}\%（铁水含锰量）÷（1－锰烧损率）$
(4) 炉料含硫量：$w_{S炉料}\% = w_{S铁水}\%（铁水含硫量）÷（1＋硫增加率）$
(5) 炉料含磷量：$w_{P炉料}\% < w_{P铁水}\%（铁水含磷量）$

3. 初步确定炉料配比

(1) 回炉料配比：回炉料加入量，根据实际确定。
(2) 设生铁加入量为$x\%$，则废钢加入量为$1－回炉料加入量－x\%$。根据回炉料、生铁、废钢含碳量计算出相应配比。
(3) 计算硅铁、锰铁加入量：Z15生铁含硅（锰）量＝$w_{Si生铁}\%（w_{Mn生铁}\%）$×生铁配比，废钢含硅（锰）量＝$w_{Si废钢}\%（w_{Mn废钢}\%）$×废钢配比，回炉料含硅（锰）量＝$w_{Si回炉料}\%（w_{Mn回炉料}\%）$×回炉料配比。缺硅（锰）量＝铁水含硅（锰）量－Z15生铁含硅（锰）量－废钢含硅（锰）量－回炉料含硅（锰）量。按100kg炉料计算硅铁加入量：缺硅、锰量÷硅铁（锰铁）含硅（锰）量。

4. 校核磷硫含量是否符合要求

生铁含硫（磷）量＝$w_{S生铁}\%（w_{P生铁}\%）$×生铁配比，废钢含硫（磷）量＝

$\omega_{S废钢}\%$（$\omega_{P废钢}\%$）×废钢配比，回炉料含硫（磷）量＝$\omega_{S回炉料}\%$（$\omega_{P回炉料}\%$）×回炉料配比。[生铁含硫（磷）量＋废钢含硫（磷）量＋回炉料含硫（磷）量]＜铁水硫（磷）量。

5. 灰铸铁产品

灰铸铁产品图如图 5-4 所示。

a) 灰铸铁皮带轮

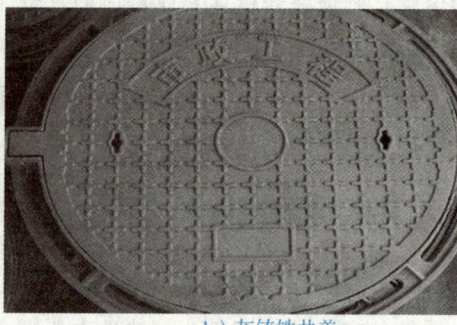
b) 灰铸铁井盖

图 5-4 　灰铸铁产品图

思维训练

【例1】①为什么铸造生产中，化学成分具有三低（碳、硅、锰）一高（硫）特点的铸铁易形成白口？②为什么在同一铸铁件中，往往在其表层或薄壁处易形成白口？

【答】①因为碳和硅是强烈促进石墨化的元素，硫是强烈阻止石墨化的元素，锰与硫形成硫化锰后能减弱硫对石墨化的阻止作用；如果碳、硅、锰含量低而硫含量高时，碳将不以石墨形式析出而是以渗碳体形式析出，所以化学成分具有三低（碳、硅、锰）一高（硫）特点的铸铁易形成白口。

②因为在化学成分相同的情况下，铸铁结晶时，厚壁处冷却速度慢，有利于石墨化过程的进行，表层或薄壁处冷却速度快，不利于石墨化过程的进行；所以在同一铸铁件中，往往在其表层或薄壁处易成白口。

【例2】在灰铸铁中，为什么含碳量与含硅量越高时，铸铁的抗拉强度越低？

【答】因为碳和硅是强烈促进石墨化的元素，含碳量与含硅量越高时，灰铸铁中析出的片状石墨越多；而片状石墨的强度、塑性、韧性几乎为零，它不仅割断了基体的连续性，而且在其尖端处导致应力集中；石墨片越多对基体的割裂作用和应力集中现象越严重，铸铁的抗拉强度越低。

【例3】铸铁的抗拉强度的高低主要取决于什么？硬度的高低主要取决于什么？用哪些方法能够提高铸铁的抗拉强度和硬度？铸铁的抗拉强度高时硬度是否也高？为什么？

【答】铸铁的抗拉强度的高低主要取决于石墨的形状和数量。铸铁硬度的高低主要取决于基体组织。提高铸铁的抗拉强度和硬度方法，一是控制化学成分获得珠光体基体组织,二是通过孕育处理或球化处理来改变石墨形态。铸铁的抗拉强度高时硬度不一定高,因为铸铁的抗拉强度的高低主要取决于石墨的形状和数量,而铸铁硬度的高低主要取决于基体组织。

【例4】 机床的床身、床脚、箱体为什么都采用灰铸铁铸造为宜?能否用钢板焊接制造?将二者的使用性和经济性作简要的比较。

【答】 由于铸铁在受振动时,石墨能起缓冲作用,它阻止振动的传播,并把振动能量转为热能,使灰铸铁减振能力约比钢大10倍,故常用作承受压力和振动的机床的床身、床脚、箱体等零件。也可以用钢板焊接制造,但减振性能不如灰铸铁好,造价比灰铸铁高。

应用实例

铸件的配料计算:减速机壳体如图5-5所示,材质为HT200。其化学成分:C(3.3%~3.5%)、Si(1.5%~2.0%)、Mn(0.5%~0.8%)、P(<0.25%)、S(<0.12%)。

所用原材料:Z15生铁C(4.19%)、Si(1.56%)、Mn(0.76%)、P(<0.04%)、S(<0.036%);回炉料C(3.28%)、Si(1.88%)、Mn(0.66%)、P(<0.07%)、S(<0.098%);废钢C(0.15%)、Si(0.35%)、Mn(0.50%)、P(<0.05%)、S(<0.05%)。一般采用含硅45%硅铁、含锰75%锰铁。

图5-5 减速机壳体

减速机壳体(HT200)配料计算:冲天炉一般Si烧损率15%、Mn烧损率20%、硫增加率50%、磷几乎不变化;冲天炉(炉前加入)Si收得率为80%~90%、Mn收得率为85%~95%。

1. 铁水及原料成分

(1) 铁水平均化学成分:C(3.4%)、Si(1.75%)、Mn(0.65%)、P(<0.25%)、S(<0.12%)。

(2) 回炉料化学成分:C(3.28%)、Si(1.88%)、Mn(0.66%)、P(<0.07%)、S(<0.098%)。

(3) Z15生铁化学成分:C(4.19%)、Si(1.56%)、Mn(0.76%)、P(<0.04%)、S(<0.036%)。

(4) 废钢(一般为Q235)化学成分:C(0.15%)、Si(0.35%)、Mn(0.50%)、P(<0.05%)、S(<0.05%)。

(5) 硅铁含硅45%、锰铁含锰75%。

(6) Si烧损率15%、Mn烧损率20%、硫增加率50%、磷几乎不变化。

(7) 炉前加入Si收得率为85%、Mn收得率为90%。

2. 计算炉料中各元素的应有含量

(1) 炉料含碳量：$\omega_{C炉料}\% = (3.4\% - 1.8\%) \div 0.5 = 3.2\%$。

(2) 炉料含硅量：$\omega_{Si炉料}\% = 1.75\% \div (1-15\%) = 2.06\%$。

(3) 炉料含锰量：$\omega_{Mn炉料}\% = 0.65\% \div (1-20\%) = 0.81\%$。

(4) 炉料含硫量：$\omega_{S炉料}\% = 0.12\% \div (1+50\%) = 0.08\%$。

(5) 炉料含磷量：$\omega_{P炉料}\% < \omega_{P铁水}\% < 0.25\%$。

3. 初步确定炉料配比

(1) 回炉料配比：回炉料加入量，一般为 20%。

(2) 设生铁加入量为 $x\%$，则废钢加入量为 $1-20\%-x\% = 80\%-x\%$。根据回炉料、生铁、废钢含碳量分别为 4.19%、0.15%、3.28%。则 $4.19\% x\% + 0.15\%(80\%-x\%) + 3.28\% \times 20\% = 3.2\%$，Z15 生铁配比为 X = 60.0%，废钢配比为 20%，回炉料配为 20%。

(3) 计算硅铁、锰铁加入量：

Z15 生铁含硅量 $= 1.56\% \times 60.0\% = 0.94\%$，废钢含硅量 $0.35\% \times 20\% = 0.07\%$，回炉料含硅量 $1.88\% \times 20\% = 0.38\%$。缺硅量 $= 2.06\% - 0.94\% - 0.07\% - 0.38\% = 0.67\%$

Z15 生铁含锰量 $= 0.76\% \times 60.0\% = 0.46\%$，废钢含锰量 $= 0.50\% \times 20\% = 0.10\%$，回炉料含锰量 $= 0.66\% \times 20\% = 0.13\%$。缺锰量 $= 0.81\% - 0.46\% - 0.10\% - 0.13\% = 0.12\%$。

100kg 炉料硅铁加入量：$0.67\% \div 45\% = 1.5$kg

100kg 炉料锰铁加入量：$0.12\% \div 75\% = 0.16$kg

4. 磷、硫含量符合要求

Z15 生铁含硫量 $= 0.036\% \times 60.0\% = 0.022\%$，废钢含硫量 $= 0.050\% \times 20\% = 0.010\%$，回炉料含硫量 $= 0.098\% \times 20\% = 0.020\%$。炉料含硫量 $= 0.022\% + 0.010\% + 0.020\% = 0.052\% < 0.08\%$，含硫量合格。

Z15 生铁含磷量 $= 0.04\% \times 60.0\% = 0.024\%$，废钢含磷量 $0.050\% \times 20\% = 0.010\%$，回炉料含磷量 $0.07\% \times 20\% = 0.014\%$。炉料含磷量 $= 0.024\% + 0.010\% + 0.014\% = 0.048\% < 0.25\%$，含磷量合格。

第二节 球墨铸铁

- 掌握球墨铸铁牌号的基本含义;
- 会根据球墨铸铁的牌号查化学成分、力学性能;
- 掌握球墨铸铁去石墨化退火工艺。

球墨铸铁是指在浇注前,向一定成分的铁液中加入适量使石墨球化的球化剂(纯镁或稀土硅铁镁合金)和促进石墨化的孕育剂(硅铁),从而获得具有球状石墨的铸铁。由于球墨铸铁是钢的基体上分布着球状石墨,使石墨对基体的割裂作用和应力集中作用减到最小,而且还可通过热处理和合金化来改变其成分和组织,使基体组织的力学性能得以充分发展,因此在铸铁中,球墨铸铁具有最高的力学性能。

一、球墨铸铁的化学成分、组织和性能

1. 球墨铸铁的化学成分

球墨铸铁的化学成分特点是含碳与含硅量高,含锰量较低,含硫与含磷量低,并含有一定量的稀土与镁。一般 $\omega_C=3.6\%\sim4.0\%$,通常珠光体球墨铸铁 $\omega_{Si}=2.0\%\sim2.3\%$,$\omega_{Mn}=0.4\%\sim0.8\%$;铁素体球墨铸铁 $\omega_{Si}=2.4\%\sim3.0\%$,$\omega_{Mn}=0.3\%\sim0.4\%$,$\omega_P\leq0.04\sim0.06\%$、$\omega_S\leq0.1\%$(冲天炉)、$\omega_S\leq0.04\%$(电炉)。我国球墨铸铁的化学成分如表5-2所示。

表 5-2 我国球墨铸铁的化学成分

球墨铸铁基体组织		C(%)	Si(%)	Mn(%)	P(%)	S(%)	其他
铁素体	铸态	3.5~3.9	2.5~3.0	≤0.3	≤0.07	≤0.02	
	退火	3.5~3.9	2.0~2.7	≤0.6			
铁素体+珠光体	铸态	3.5~3.8	2.2~2.5	≤0.5			
	退火	3.5~3.8	2.0~2.5	≤0.06			
珠光体	铸态	3.5~3.8	1.8~2.3	0.3~0.5			Cu=0.5%~1%、Mo=0%~0.2%
	热处理	3.5~3.7	2.0~2.4	小件 0.4~0.8 大件<0.5			Cu=0%~1%、Mo=0%~0.2%

2. 球墨铸铁的组织

球墨铸铁的牌号牌号中的"QT"是"球铁"二字汉语拼音的第一个字母，后面两组数字分别表示其最小的抗拉强度值（MPa）和伸长率值（%）。球墨铸铁的牌号、基体组织、力学性能及应用如表5-3所示。

表5-3 球墨铸铁的牌号、基体组织、力学性能及应用（GB/T1348—2009）

牌号	基体组织	R_m/MPa	$R_{p0.2}$/MPa	A（%）	HBW	应用
QT400−18	铁素体球墨铸铁（F+G）	400	250	18	120～175	阀门、机器底座、汽车后桥壳及底盘、农机部件等
QT400−15		400	250	15	120～180	
QT450−10		450	310	10	160～210	
QT500−7	铁素体+珠光体（F+P+G）	500	320	7	170～230	曲轴、连杆、凸轮轴、各种齿轮、主轴、蜗杆、蜗轮、轧辊、大齿轮、工作缸、缸套、活塞等
QT600−3		600	370	3	190～270	
QT700−2	珠光体（P+G）	700	420	2	225～305	
QT800−2	珠光体或回火组织	800	480	2	245～335	
QT900−2	贝氏体或回火M	900	600	2	280～360	

3. 球墨铸铁的性能

球墨铸铁的抗拉强度、塑性、韧性不仅高于其他铸铁，而且可与相应组织的铸钢相媲美，如疲劳极限接近一般中碳钢；而冲击疲劳抗力则高于中碳钢；特别是球墨铸铁的屈强几乎比钢提高一倍，一般钢的屈强比为 0.35～0.50，而球墨铸铁的屈强比达 0.7～0.8。在一般机械设计中，材料的许用应力是按屈服强度来确定的，因此，对于承受静载荷的零件，用球墨铸铁代替铸钢，就可以减轻机器重量，但球墨铸铁的塑性与韧性却低于钢。

铁素体基体具有高的塑性和韧性，但强度与硬度较低，耐磨性较差；珠光体基体强度较高，耐磨性较好，但塑性、韧性较低；珠光体＋铁素体基体的性能介于前两种基体之间，经热处理后，具有回火马氏体基体的硬度最高，但韧性很低；贝氏体基体则具有良好的综合力学性能。

4. 球墨铸铁的炉前处理

优质的铁液是获得高质量球墨铸铁的关键，应该是高温、低硫、低磷、低杂质。为了保证浇注温度，出铁温度至少应在 1450～1470℃以上。采用稀土镁合金作球化剂，一般加入量为 1.5％～2.0％。硅铁 75 合金作孕育剂，珠光体球墨铸铁孕育剂加入量为 0.5％～1.0％，铁素体球墨铸铁孕育剂加入量为 0.8％～1.4％。

三、球墨铸铁的热处理

球墨铸铁常用的热处理方法如表 5-4 所示。

表 5-4　球墨铸铁常用的热处理方法

热处理	加热温度	保温时间	冷却方式	目的
退应力去火	500～620℃	2～8h	随炉缓冷	消除铸造内应力
高温石墨化退火	900～950℃	2～4h	随炉缓冷至600℃，再出炉空冷	消除铸态组织自由渗碳体、降低硬度，获得铁素体＋球状石墨组织
低温石墨化退火	720～760℃	2～8h	随炉缓冷至600℃，再出炉空冷	铸态组织为珠光体＋铁素体时，获得塑性、韧性较高的铁素体＋球状石墨组织
高温正火	900～950℃	1～3h	出炉空冷	增加基体中珠光体数量、减小片层间距，提高基体强度、硬度、耐磨性
低温正火	820～860℃	1～4h	出炉空冷	提高塑性、韧性，获得珠光体＋分散铁素体组织。
等温淬火	860～920℃	保温一定时间然后迅速放入250～350℃等温盐浴中保温0.5～1.5h	出炉空冷	等温淬火常用来处理一些要求高的综合力学性能、良好的耐磨性且外形较复杂、热处理易变形或开裂的小件，如齿轮、滚动轴承套圈、凸轮轴

(续表)

热处理	加热温度	保温时间	冷却方式	目的
调质处理	860~920℃	保温 2~4h，油淬，然后加热 550~600℃ 回火 2~6h	以一定冷却速度随炉冷却到室温	获得回火索氏体和球状石墨组织，硬度 250~380HBW，具有良好综合力学性能，如柴油机曲轴、连杆等重要零件

四、蠕墨铸铁

蠕墨铸铁的铸造性能、减振性、导热性以及可加工性都优于球墨铸铁，并接近于灰铸铁，因此蠕墨铸铁已开始在生产中广泛应用，主要用来制造大功率柴油机气缸盖、气缸套、电动机外壳、机座、机床床身、钢锭模、制动器鼓轮、阀体等零件。

表 5-5 所示为我国蠕墨铸铁的牌号、力学性能及应用。蠕墨铸铁的牌号表示方法用 "RuT" 表示蠕墨铸铁，后面三位数字表示其最小抗拉强度值。蠕墨铸铁组织如图 5-6 所示。

表 5-5 蠕墨铸铁的牌号、力学性能及应用（JB/T4403—1999）

牌号	R_m/MPa	$R_{p0.2}$/MPa	A（%）	HBW	应用
RUT420	≥420	≥335	≥0.75	200~280	适用于制造强度或耐磨性高的零件，如活塞、制动盘、制动鼓、玻璃模具
RUT380	≥380	≥300	≥0.75	193~274	
RUT340	≥340	≥270	≥1.00	170~249	适用于制造强度、刚度和耐磨性高的零件，如飞轮、制动鼓、玻璃模具
RUT300	≥300	≥240	≥1.50	140~217	适用于制造强度高及承受热疲劳件，如排气管、汽缸盖、液压件、钢锭模
RUT260	260	195	3.00	121~197	适用于制造承受冲击载荷及热疲劳的零件，如汽车底盘零件、增压器、废气进气壳体

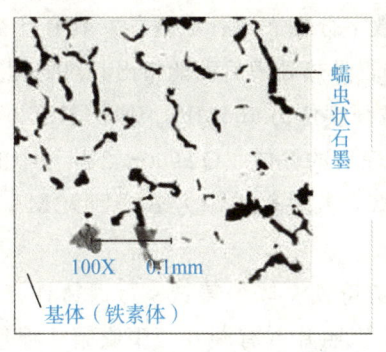
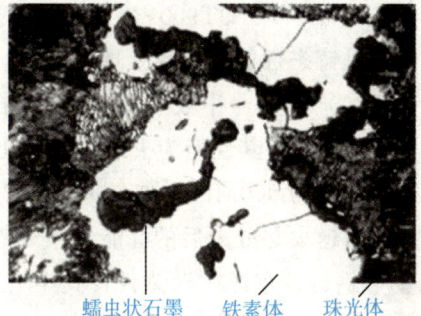

图 5-6　蠕墨铸铁组织

五、球墨铸铁产品图例

球墨铸铁产品如图 5-7 所示。

a）球墨铸铁倒档拨叉　　　b）球墨铸铁支架

图 5-7　球墨铸铁产品

思维训练

【例 1】球墨铸铁、蠕墨铸铁的特点

【答】①球墨铸铁，牌号表示 QT400－18、QT500－7、QT700－2，显微组织为 F＋G 球状、F＋P＋G 球状、P＋G 球状，成分特点（碳当量）为 C（3.6％～4％）、Si（2％～3.2％），生产方法的特点球化处理（稀土镁球化剂），力学性能高于其他铸铁，工艺性能铸造、减摩、减振、切削性能近似于灰铁，用途举例常用来铸造曲轴、连杆、轧辊、缸套、活塞等。

②蠕墨铸铁，牌号表示 RuT420，显微组织为 F＋P＋G 蠕虫状，成分特点（碳当量）为 C（3.5％～3.9％）、Si（2.1％～2.8％），生产方法的特点蠕化处理（稀土镁钛蠕化剂），力学性能介于铸铁和球墨铸铁之间，工艺性能铸造、减振、导热及切削性能接近灰铁，用途举例常用来制造电动机外壳、钢锭模、制动器鼓轮等。

【例 2】现有铸态下球墨铸铁曲轴一根，按技术要求，其基体应为 P 组织，轴颈表面硬度为 50～55HRC，确定热处理方法。

【答】首先将铸态下球墨铸铁曲轴整体经高温正火（900～950℃、保温 1h）获得基体为 P 组织，然后再对轴颈部位进行表面淬火其硬度可达到 50～55HRC。

【例3】 QT700-2、QT900-2等牌号中数字分别表示什么性能？具有什么显微组织？这些性能是铸态性能还是热处理后性能？若是热处理后性能指出其热处理方法。

【答】 QT700-2牌号中数字表示最小抗拉强度值为700MPa、伸长率值为2%，其显微组织P+球状G，其性能为去应力退火处理后的性能。QT900-2牌号中的数字表示最小抗拉强度值为900MPa、伸长率值为2%，其显微组织为B或回火M+球状G，其性能为去应力退火热处理后的性能。

【例4】 一辆运输车送一批铸件，其中有灰铸铁、球墨铸铁、可锻铸铁三种铸件，在途中遇到大风，资料丢失，只有三张金相组织照片（有菊花、牛眼睛、棉絮三种形状图案）分别用铁丝绑在包装箱上。你如何根据金相组织图片区分灰铸铁、球墨铸铁、可锻铸铁？

【答】 菊花形状图案表示片状石墨是灰铸铁金相组织、牛眼睛形状图案表示球状石墨是球墨铸铁金相组织、棉絮三种形状图案表示团絮状石墨是可锻铸铁金相组织。

应用实例

球墨铸铁阀体如图5-8所示，牌号为QT400-18，工作压力为0.2~0.3MPa。

图5-8 球墨铸铁阀体

球墨铸铁阀体牌号为QT400-18，为铁素体球墨铸铁。铁水化学成分：C（3.5%~3.9%）；Si（2.5~3.0%）；Mn（≤0.3%）；P（≤0.04%）、S（≤0.04%）。

采用中频电炉熔炼球墨铸铁，出铁温度至少应在1450~1470℃以上，采用稀土镁合金作球化剂，一般加入量为1.7%。采用硅铁75合金作孕育剂加入量为1.0%。

铸件须进行去应力退火（500~620℃，2~8h），以消除铸造内应力。铸件经机械加工后进行磁粉探伤检验，铸件内部不许有裂纹、气孔、缩松等铸造缺陷，须进行0.5MPa的水压强度试验，保压30min以上不得有渗漏现象。

对随炉浇注试棒力学性能试验及金相检验：$R_m \geq 400$Mpa、$R_{p0.2} \geq 250$Mpa、$A \geq 18\%$、HBW=120~175；其金相组织为铁素体+石墨。

第三节 可锻铸铁

- 掌握可锻铸铁牌号的基本含义；
- 会根据可锻铸铁的牌号查化学成分、力学性能；
- 掌握可锻铸铁的可锻化退火工艺。

可锻铸铁又称马铁或玛钢，是指由白口铸铁通过可锻化退火而获得的具有团絮状石墨的铸铁。但必须指出，可锻铸铁实际上是不能锻造的。

一、可锻铸铁的化学成分和组织

1. 化学成分

可锻铸铁的生产过程分为两个步骤：第一步先浇注成白口铸件；第二步再经高温长时间的可锻化退火（亦称石墨化退火），使渗碳体分解出团絮状石墨。目前生产中，可锻铸铁的含碳量为 $w_C 2.0\% \sim 2.8\%$，含硅量为 $w_{Si} 1.2\% \sim 1.8\%$。生产中，根据可锻铸铁的基体不同，锰的含量可在 $w_{Mn} 0.4\% \sim 0.6\%$ 范围内选择。含硫与含磷量应尽可能降低，一般要求 $w_P < 0.1\%$、$w_S < 0.25\%$。

2. 可锻铸铁的组织

可锻铸铁根据化学成分、退火工艺、性能及组织不同，分为黑心可锻铸铁（铁素体可锻铸铁）、珠光体可锻铸铁及白心可锻铸铁三类。目前我国以应用黑心可锻铸铁和珠光体可锻铸铁为主。黑心可锻铸铁的组织为铁素体和团絮状石墨，故亦称铁素体可锻铸铁。铁素体可锻化退火工艺如图5-9中曲线①所示。

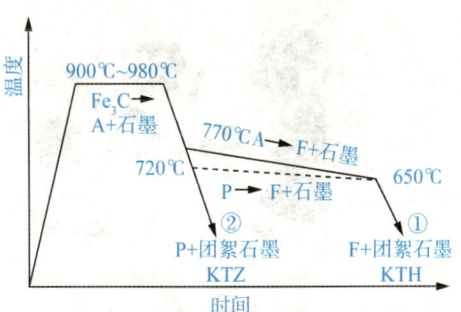

图 5-9 可锻铸铁的可锻化退火工艺曲线
①铁素体可锻化退火工艺；②珠光体可锻化退火工艺

入炉加热到 $900 \sim 980℃$，使铸铁的组织转变为奥氏体和渗碳体。在高温下经过长时间保温后，组织中渗碳体发生分解而进行第一阶段的石墨化，由原来奥氏体和渗碳体组织转变为奥氏体和石墨。由于石墨化过程是在固态下进行的，在各个方向上石墨长大的速度相差不多，故石墨呈团絮状。当冷却到共析转变温度范围（770～720℃）时，以极缓慢的速度冷却或冷却到略低于共析温度范围作长时期的保温（图 5-9 中虚线所示），进行第二阶段的石墨化，将获得铁素体基体上分布团絮状石墨的组织。

珠光体可锻铸铁的组织为珠光体和团絮状石墨，称为珠光体可锻铸铁。珠光体可锻化退火工艺如图 5-9 中曲线②所示。它是在完成第一阶段石墨化后，随炉冷却到 820～880℃，然后出炉空冷，使第二阶段石墨化不能进行，将获得珠光体基体上分布团絮状石墨的组织。

在生产中，常把铁素体可锻铸铁重新加热到共析转变温度以上，保温一段时间后，再以较快的冷却速度通过共析转变温度范围，以获得珠光体可锻铸铁。

二、可锻铸铁的牌号、性能及用途

表 5-6 所示为黑心可锻铸铁和珠光体可锻铸铁的牌号、力学性能及应用。牌号中"KT"是"可铁"两字汉语拼音的第一个字母，其后面的 H 表示黑心可锻铸铁；Z 表示珠光体可锻铸铁。符号后面的两组数字分别表示其最小的抗拉强度值（MPa）和伸长率值（%）。表 5-7 所示为黑心可锻铸铁、白心可锻铸铁、珠光体可锻铸铁的化学成分。

表 5-6　黑心可锻铸铁和珠光体可锻铸铁的牌号、力学性能及应用（GB/T9440—2010）

牌号及分级 A（B）	显微组织	（试样直径 $d=12mm$ 或 15mm）不小于			HBW	应用
		$R_m/$ MPa	$R_{P0.2}/$ MPa	A （%）		
KTH300—06	黑心可锻铸铁又称铁素体可锻铸铁（F+G）	300	—	6	≤150	承受动载或静载、要求气密性好的零件，如管道配件，中、低压阀门
(KTH330—08)		330	—	8		承受中等动载或静载的零件，如机床用扳手、车轮壳、钢丝绳接头
KTH350—10 (KTH370—12)		350 370	200 —	10 12		承受较高冲击、振动及扭转负荷，如差速器壳、前后轮壳、转向节壳

(续表)

牌号及分级 A（B）	显微组织	（试样直径 d=12mm 或 15mm）不小于			HBW	应用
		R_m/ MPa	$R_{P0.2}$/ MPa	A (%)		
KTZ450—06	团絮状石墨　珠光体 珠光体可锻铸铁（P+G）	450	270	6	150～200	承受较高载荷、耐磨损且要求有一定韧性的重要零件，如曲轴、凸轮轴、连杆、齿轮、活塞环、摇臂、扳手
KTZ550—04		550	340	4	180～230	
KTZ650—02		650	430	2	210～260	
KTZ700—02		700	530	2	240～290	

表 5-7　黑心可锻铸铁、白心可锻铸铁、珠光体可锻铸铁的化学成分

牌号		化学成分（%）				
		C	Si	Mn	P	S
黑心可锻铸铁	KTH300—06	2.7～3.1	0.7～1.1	0.30～0.60	<0.20	<0.18
	KTH300—08	2.5～2.9	0.8～1.2			<0.18
	KTH300—10	2.4～2.8	0.9～1.4			<0.12
	KTH300—12	2.2～2.5	1.0～1.5			<0.12
珠光体可锻铸铁常用化学成分（%）		2.3～2.6	1.3～1.6	0.40～0.70	<0.10	<0.16
白心可锻铸铁常用化学成分（%）		2.8～3.4	0.7～1.1	0.40～0.70	<0.20	<0.20

可锻铸铁的力学性能优于灰铸铁，并接近于同类基体的球墨铸铁，但与球墨铸铁相比，具有铁液处理简易、质量稳定、废品率低等优点。故生产中，常用可锻铸铁制作一些截面较薄而形状较复杂，工作时受振动而强度、韧性要求较高的零件，因为这些零件若用灰铸铁制造，则不能满足力学性能要求；若用球墨铸铁铸造，易形成白口；若用铸钢制造，则因其铸造性能较差，质量不易保证。

三、可锻铸铁产品图例

可锻铸铁产品图如图 5-10 所示。

a）可锻铸铁弯头　　　　b）可锻铸铁对丝

图 5-10　可锻铸铁产品图例

思维训练

【例1】为什么可锻铸铁适宜制造壁厚较薄的零件？而球墨铸铁却不适宜制造壁厚较薄的零件？

【答】因为薄壁处冷却速度快，易析出渗碳体，易获得白口组织，所以可锻铸铁适宜制造壁厚较薄的零件。因为薄壁处冷却速度快，而不利于石墨化过程的进行，所以球墨铸铁却不适宜制造壁厚较薄的零件。

【例2】可锻铸铁的特点是什么？

【答】可锻铸铁牌号为 KTH300－06、KTZ450－06，显微组织为 F＋G 团絮状、P＋G 团絮状，成分特点（碳当量）为 C（2.2%～2.8%）、Si（1%～1.8%），生产方法的特点石墨化退火，力学性能接近球墨铸铁，工艺性能铸造性能良好，用途举例常用来制造汽车后桥外壳、管接头、农具等。

【例3】KTH300－06、KTZ550－04 等牌号中数字分别表示什么性能？具有什么显微组织？这些性能是铸态性能还是热处理后性能？若是热处理后性能指出其热处理方法。

【答】KTH300－06 牌号中的数字表示最小抗拉强度值为 300MPa、伸长率值为 6%，其显微组织为 F＋团絮状 G，其性能为可锻化退火热处理后的性能。KTZ550－04 牌号中数字表示最小抗拉强度值为 550MPa，伸长率值为 4%，其显微组织 P＋团絮状 G，其性能为可锻化退火热处理后的性能。

应用实例

可锻铸铁管件如图 5-11 所示，牌号为 KTH300－06，不得有铸造缺陷及渗漏现象。

可锻铸铁管件属于铁素体可锻铸铁，又称黑心可锻铸铁，主要有以下特点：

(1) 铁水化学成分：C（2.7%～3.1）；Si（0.7%～1.1%），Mn（≤0.4%）；P（＜0.18%）、S（＜0.2%）。

图 5-11　可锻铸铁管件

(2) 热处理：将浇注成白口铸铁管件经石墨化退火，获得铁素体基体上分布团絮状石墨的组织。

（3）检验：再对铸件进行探伤检验，铸件内部不许有裂纹、气孔、缩松等铸造缺陷，铸件需进行水压强度试验不得有渗漏现象。

（4）力学性能试验：若随炉浇注试棒试验指标满足 $R_m \geq 300\text{MPa}$、$A \geq 6\%$、HBW ≤ 150，则可锻铸铁管件力学性能合格。

（5）金相显微组织实验：若试样金相组织为铁素体＋团絮状石墨，则可锻铸铁管件金相组织合格。

第四节　合金铸铁

- 掌握耐磨、耐热、耐蚀铸铁牌号的基本含义；
- 会根据耐磨、耐热、耐蚀铸铁的牌号查化学成分、使用条件及应用。

合金铸铁是指在普通铸铁中加入合金元素而具有特殊性能的铸铁。通常加入的合金元素有硅、锰、磷、镍、铬、钼、铜、铝、硼、钒、钛、锑、锡等。合金铸铁根据合金元素的加入量分为低合金铸铁（合金元素含量小于3%）、中合金铸铁（合金元素含量为大于10%）。合金元素能使铸铁基体组织发生变化，从而使铸铁获得特殊的耐热、耐磨、耐腐蚀和耐低温等物理—化学性能，因此这种铸铁也叫"特殊性能铸铁"。

一、耐磨铸铁

（1）高磷铸铁。普通高磷铸铁的一般成分为：C（2.9%～3.2%），Si（1.4%～1.7%），Mn（0.6%～1.0%），P（0.4%～0.65%），S（<0.12%）。

（2）磷铜钛铸铁。在高磷铸铁基础上加入 Cu（0.6%～0.8%）和 Ti（0.1%～0.15%）后形成磷铜钛铸铁。

（3）铬钼铜铸铁。铬钼铜铸铁的组织一般为细层状珠光体＋细片状石墨＋少量磷共晶和碳化物。

二、抗磨铸铁

抗磨铸铁（见表5-8）的组织应具有均匀的高硬度。普通白口铸铁就是一种抗磨性高的铸铁，但其脆性大，因此常加入适量 Cr、Mo、Cu、W、Ni、Mn 等合金元素，形成抗磨白口铸铁，其具有一定的韧性和更高的硬度与耐磨性。

表 5-8　抗磨铸铁牌号、化学成分及应用（摘自 GB/T8263—2010）

牌号	化学成分（%）								应用
	C	Si	Mn	Cr	Mo	Ni	Cu	P、S	
BTMNi4Cr2－DT（低碳）	2.4～3.0	≤0.8		1.5～3.0	≤1.0	3.3～5.0	—	≤0.10	用于中等载荷的磨料磨损
BTMNi4Cr2－GT（高碳）	3.0～3.6								用于较小载荷的磨料磨损
BTMCr9Ni5	2.5～3.6	1.5～2.2		8.0～10.0		4.5～7.0		≤0.06	淬透性很好，用于中等载荷磨料磨损
BTMCr2	2.1～3.6	≤1.5	≤2.0	1.0～3.0	—	—		≤0.10	用于较小载荷的磨料磨损
BTMCr8		1.5～2.2		7.0～10.0	≤1.0				一定耐蚀性，用于中等载荷磨料磨损
BTMCr12－DT（低碳）	1.1～2.0		≤1.5	11.0～14.0			≤1.2		用于中等载荷的磨料磨损
BTMCr12－GT（高碳）	2.0～3.6				≤3.0			≤0.06	用于较小载荷的磨料磨损
BTMCr15				14.0～18.0		≤2.5			用于中等载荷的磨料磨损
BTMCr20	2.0～3.3	≤1.2		18.0～23.0			≤2.0		很好淬透性及耐蚀性，较大载荷磨损
BTMCr26				23.0～30.0					有很好淬透性及抗高温氧化性，用于较大载荷磨料磨损

低铬合金铸铁磨球化学成分 ZQCr2（GB/T17445—2009）：C（2.1%～3.6%），Si

(≤1.5%)、Mn（0.3%～1.5%）、P（<0.1%）、S（<0.1%）、Cr（1.0%～3.0%）、Mo（0%～1.0%）、Cu（0%～0.8%），表面硬度大于45HRC。

三、耐热铸铁

耐热铸铁（见表5-9）具有良好的耐热性，因此可代替耐热钢制造加热炉炉底板、坩埚、废气管道、热交换器、钢锭模及压铸模等。

表5-9 耐热铸铁的成分、使用条件及应用（摘自 GB/T9437—2009）

牌号	化学成分（%）						使用条件	应用
	C	Si	Mn	P	S	其他		
HTRCr16	1.6～2.4	1.5～2.2	≤1.0	≤0.10	≤0.05	Cr 15～18	在空气炉气中耐热温度为900℃，有抗磨性，耐硝酸腐蚀	退火罐、煤粉烧嘴、炉栅、水泥焙烧炉零件、化工机械零件
HTRSi5	2.4～3.2	4.5～5.5	≤0.8	≤0.10	≤0.08	Cr 0.5～1.0	在空气炉气中耐热温度为900℃	炉条、煤粉烧嘴、锅炉用梳形定位板、换热器针状管
QTRSi5	2.4～3.2	4.5～5.5	≤0.7	≤0.07	≤0.015		在空气炉气中耐热温度为800℃，硅为上限时为900℃	煤粉烧嘴、炉条、辐射管、烟道闸门、加热炉中间架
QTRA15Si5	2.3～2.8	4.5～5.2	≤0.5	≤0.07	≤0.015	Al 5.0～5.8	在空气炉气中耐热温度为1050℃	烧焙机算条、炉用件
QTRA122	1.6～2.2	1.0～2.0	≤0.7	≤0.07	≤0.015	Al 20～24	在空气炉气中耐热温度为1100℃，抗高温硫蚀性好	锅炉用侧密封块、链式加热炉炉爪、黄铁矿焙烧炉零件

耐热铸铁的种类很多，我国耐热铸铁系列大致分为硅系、铬系和硅铝系等。其中铬系耐热铸铁的价格较高，铝系耐热铸铁的脆性大，温度急变时易裂，且不易熔炼，铸造性能较差，故国内较多发展硅系和硅铝系耐热铸铁。

四、耐蚀铸铁

耐蚀铸铁不仅具有一定的力学性能，而且在腐蚀性介质中工作时具有抗蚀的能力。它广泛地应用于化工部门，用来制造管道、阀门、泵类、反应锅及盛贮器等。

目前生产中主要通过加入硅、铝、铬、镍、铜等合金元素来提高铸铁的耐蚀性。

应用最广泛的是高硅耐蚀铸铁，其牌号、化学成分及应用如表 5-10 所示。

表 5-10 高硅耐蚀铸铁的牌号、化学成分及应用（摘自 GB/T8491—2009）

牌号	化学成分（%）							应用
	C	Si	Mn	P、S	Cr	Mo	Cu	R残留量	
HTSSi11Cu2CrR	≤1.20	10.00~12.00	≤0.5	≤0.10	0.60~0.80		1.8~2.0	≤0.10	卧式离心泵、潜水泵、阀门、塔罐、冷却排水泵
HTSSi15R	0.65~1.10	14.20~14.75	≤1.5		≤0.5	≤0.5			各种离心泵、阀类、管道配件、低压容器
HTSSi15Cr4MoR	0.75~1.15				3.25~5.00	0.4~0.6	≤0.5		在外加电流的阴极保护系统，用作辅助阳极件
HTSSi15Cr4CrR	0.70~1.10					≤0.2			适用于强氯化物的环境

五、冷硬铸铁

冷硬铸铁的特点是表面部分发生白口化，硬度和耐磨性大大提高；内部仍为灰口组织，以防整体脆化。冷硬铸铁是将铁液注入放有冷铁的模中制成，与冷铁相接触的铸铁表面层由于冷却速度较快，故铸铁组织在一定厚度内属于白口，因而硬度较高、耐磨性好；而远离冷铁的深层部位，由于冷却速度较小，得到的组织为灰口；在白口和灰口之间的过渡区域呈麻口。冷硬铸铁用于制造轧辊、车轮等。

六、合金铸铁产品图例

合金铸铁产品图例如图 5-12 所示。

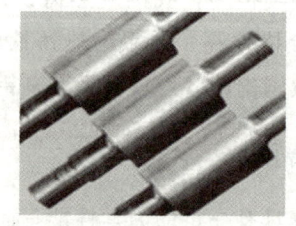

a）低铬合金铸铁磨球　　b）合金冷硬铸铁轧辊

图 5-12 合金铸铁产品图例

思维训练

【例】现有形状和尺寸完全相同的白口铁、灰铸铁和低碳钢棒料各一根,问用何种最简便方法能迅速将它们区分出来?

【答】硬度检测方法:白口铁最硬,低碳钢最软,灰铸铁适中。

应用实例

烧结机算条如图 5-13 所示,牌号(目前常用高温镍合金)为 QTRA15Si5。

算条是烧结机上的主要部件,属易损件,其使用寿命的长短直接影响烧结机的生产作业率和烧结矿的生产成本。烧结机算条的工作条件十分恶劣,温度变化大,烧结时算条的温度一般为 800~1000℃,而卸料后在空气中冷却温度快速降为 100~300℃,在含有 CO、CO_2、SO_2 和水蒸气的介质中工作,在使用过程中还要受到烧结矿的撞击和摩擦。

图 5-13 烧结机算条

烧结机算条选用牌号为 QTRA15Si5 的耐热铸铁,在空气炉气中耐热温度到 1050℃。铁水化学成分:C(2.3%~2.8%;Si(4.5%~5.2%),Mn(≤0.5%);P(<0.07%)、S(<0.015%)、Al(5.0%~5.8%)。对铸件进行检验,不许有裂纹、气孔、缩松、夹渣、夹砂、冷隔、变形等铸造缺陷。

能力拓展

(1) 铸铁件常见铸造缺陷(提示:粘砂、夹砂、夹渣、气孔、缩孔、缩松、裂纹、冷隔、变形、错型、超重、重力偏析、球化不良、石墨粗大等)。

(2) 铸铁件验收标准(提示:外观检验包括看铸件表面有无粘砂、夹砂、夹渣、气孔、变形等;内部质量检验包括磁粉、超声波、射线探伤等;压力试验即铸件致密度检验;化学成分检验;机械性能试验;金相组织检验)。

本章练习

一、填空题

1. 铸铁的力学性能主要由其结晶组织所决定的,要控制力学性能,就必须控制其_____。

2. 生产中常用的孕育剂为硅铁和硅钙合金等,其中以含 Si 量_____的硅铁最为常用。

3. 灰铸铁中_____本身具有润滑作用,所遗留下的孔隙具有吸附和储存润滑油的能力，具有良好的减摩性，所以承受摩擦的机床导轨、气缸体等零件可用灰铸铁制造。

4. 球墨铸铁是在浇注前，向一定成分的铁液中加入适量使石墨球化的球化剂（纯镁或稀土硅铁镁合金）和促进石墨化的孕育剂_____，获得具有球状石墨的铸铁。

5. 球墨铸铁的化学成分特点是含碳与含硅量高，含锰量较低，含硫与含磷量低，并含有一定量的_____。

6. 可锻铸铁的生产过程分为两个步骤，第一步先浇注成白口铸件，第二步再经高温长时间的可锻化退火（亦称石墨化退火），使渗碳体分解出_____石墨。

7. 可锻铸铁根据化学成分、退火工艺、性能及组织不同，分为黑心可锻铸铁_____、珠光体可锻铸铁及白心可锻铸铁三类。目前，我国以应用黑心可锻铸铁和珠光体可锻铸铁为主。

8. 目前生产中，主要通过加入硅、铝、铬、镍、铜等合金元素来提高铸铁的耐蚀性，应用最广泛的是_____耐蚀铸铁。

9. 我国耐热铸铁系列大致分为硅系、铬系和硅铝系等，其中_____耐热铸铁的价格较高，故国内较多发展硅系和硅铝系耐热铸铁。

10. 普通白口铸铁就是一种抗磨性高的铸铁，但其脆性大，因此常加入适量Cr、Mo、Cu、W、Ni、Mn等合金元素，从而具有一定的韧性和_____的硬度和耐磨性。

二、判断题

1. 目前生产中，灰铸铁的化学成分范围一般为C＝2.7%～3.6%，Si＝1.0%～2.5%，Mn＝0.5%～1.3%，P≤0.3%，S≤0.15%。（   ）

2. 灰铸铁中石墨片的数量越多，尺寸越粗大，分布越不均匀，对基体的割裂作用和应力集中现象越严重，则铸铁的强度、塑性与韧性就越高。（   ）

3. 石墨虽然会降低铸铁的抗拉强度、塑性和韧性，但也正由于石墨的存在，使铸铁具有一系列其他优良性能。（   ）

4. 灰铸铁抗拉不抗压。（   ）

5. 优质的铁液是获得高质量球墨铸铁的关键，应该是高温、高硫、高磷、高杂质。（   ）

6. 蠕墨铸铁已开始在生产中广泛应用，主要用来制造大功率柴油机气缸盖、气缸套、电动机外壳、机座、机床床身、钢锭模、制动器鼓轮、阀体等零件。（   ）

7. 在一般机械设计中，材料的许用应力是按屈服强度来确定的，因此，对于承受静载荷的零件，用球墨铸铁代替铸钢，就可以减轻机器重量，但球墨铸铁的塑性与韧性却低于钢。（   ）

8. 耐热铸铁具有良好的耐热性，因此可代替耐热钢制造加热炉炉底板、坩埚、废气管道、热交换器、钢锭模及压铸模等。（   ）

9. 铸铁中石墨呈球状存在，球墨铸铁不仅力学性能比灰铸铁高，还可以通过热处理进一步提高其力学性能，所以在生产中应用广泛。（   ）

三、选择题

1. 灰铸铁中的石墨能起缓冲作用，它（　　）振动的传播，故常用作承受压力和振动的机床底座、机架、机身和箱体等零件。

　　A. 阻止　　　　　　B. 加速　　　　　　C. 增大

2. 铸铁熔炉种类很多，其中冲天炉应用最广，常见的是以焦炭为燃料。熔化率高，成本低，可连续作业；但铁水和焦炭接触有（　　）的现象，元素烧损较大。

　　A. 脱硫、脱碳　　　B. 增硫、增碳　　　C. 增硅、增锰

3. 生产中常见的有（　　）球墨铸铁、珠光体＋铁素体球墨铸铁、珠光体球墨铸铁和贝氏体球墨铸铁。

　　A. 铁素体　　　　　B. 珠光体　　　　　C. 贝氏体

4. 由于球墨铸铁是钢的基体上分布着（　　）石墨，使石墨对基体的割裂作用和应力集中作用减到最小，而且还可通过热处理和合金化来改变其成分和组织，使基体组织的力学性能得以充分发展，因此在铸铁中，球墨铸铁具有最高的力学性能。

　　A. 片状　　　　　　B. 球状　　　　　　C. 团絮状

5. 目前生产中，可锻铸铁的含碳量为 C＝（　　），含硅量为 Si＝1.2%～1.8%。

　　A. 2.0%～2.8%　　B. ≤2.0%　　　　　C. ≥2.8%

6. 生产中，根据可锻铸铁的基体不同，锰的含量可在 Mn＝（　　）范围内选择。含硫与含磷量应尽可能降低，一般要求 P＜0.1%、S＜0.25%。

　　A. 0.4%～0.6%　　B. ≤0.4%　　　　　C. ≥0.6%

7. 铬钼铜铸铁的组织一般为细层状珠光体＋（　　）石墨＋少量磷共晶和碳化物。

　　A. 细片状　　　　　B. 粗片状　　　　　C. 片状

8. 可锻铸铁又称马铁或玛钢，它是由白口铸铁通过可锻化退火而获得的具有（　　）石墨的铸铁。

　　A. 片状　　　　　　B. 球状　　　　　　C. 团絮状

9. 耐蚀铸铁不仅具有一定的力学性能，而且在腐蚀性介质中工作时具有（　　）的能力。它广泛地应用于化工部门，用来制造管道、阀门、泵类、反应锅及盛贮器等。

　　A. 抗蚀　　　　　　B. 抗氧化　　　　　C. 耐热

四、名词解释

灰口铸铁　孕育处理　珠光体可锻铸铁

铁素体可锻铸铁　KTH300－06　KTZ550－04；

五、简答题

1. 灰铸铁的牌号的表示方法有哪些？
2. 生产孕育铸铁的主要条件有哪些？
3. 球墨铸铁的牌号牌号表示方法有哪些？

第六章 有色金属

金属材料分为黑色金属和有色金属两大类，黑色金属主要是指钢和铸铁，而除黑色金属以外是其余金属如铝、镁、铜、钛、锡、铅、锌等及其合金一般统称为有色金属。与黑色金属相比，有色金属更具有比密度小、比强度高的特点。因此，在许多工业部门，尤其是在空间技术、原子能、计算机等新型工业部门中有色金属应用均很广泛。

第一节 铝及铝合金

学习目标

- 掌握变形铝合金、铸造铝合金牌号的基本含义；
- 会根据铸造铝合金的牌号查化学成分、力学性能、用途。

基础知识

铝是地壳中储量最多的一种元素，约占地壳总质量的 8.2%。为了满足工业迅速发展的需要，铝及其合金将是我国优先发展的重要有色金属。

一、工业纯铝

工业纯铝分为纯铝（99%＜w_{Al}＜99.85%）和高纯铝（w_{Al}＞99.85%）两类。纯铝分为未压力加工产品（铸造纯铝）及压力加工产品（变形铝）两种。纯铝在硝酸及醋酸等氧化性酸类介质中具有良好的耐蚀性，因而铝铸件在化学工业中也有一定的用途。纯铝有很高的导热能力，被大量用于电气设备和高压电缆。铝中加入少量的铜、镁、锰等形成坚硬的铝合金，轻巧耐用，是制造飞机的理想材料。铝合金有良好的表面光泽，在大气及淡水中具有良好的耐腐蚀性，故在民用器皿制造中，也有广泛的用途。

二、铝合金分类及时效强化

1. 铝合金分类

为了提高纯铝的强度，有效的方法是通过合金化及对铝合金进行时效强化。目前用于制作铝合金的合金元素大致分为主加元素（硅、铜、镁、锌、锰等）和辅加元素（铬、钛、锆等）两类。主加元素的作用一般为具有高溶解度和显著强化，辅加元素的作用是为改善铝合金的某些工艺性能（如细化晶粒、改善热处理性能等）。铝与主加元素的二元相图一般都具有如图 6-1 所示形式。根据该相图上最大溶解度 D 点，把铝合金分为变形铝合金和铸造铝合金。

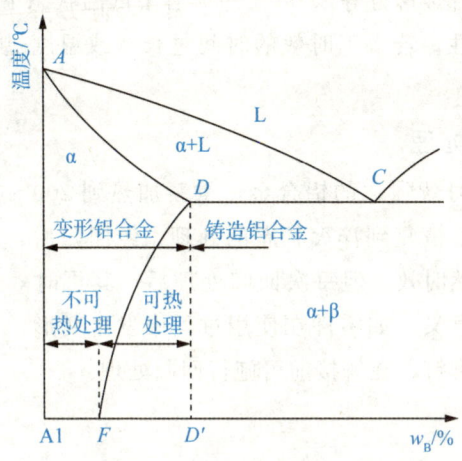

图 6-1 铝合金分类示意图

（1）变形铝合金。由图 6-1 可见，成分在 D 点以左的合金，当加热到固溶线以上时，可得到单相固溶体，其塑性很好，宜于进行压力加工，称为变形铝合金。变形铝合金又可分为两类，成分在 F 点以左的合金，其 α 固溶体成分不随温度而变，故不能用热处理使之强化，属于热处理不可强化铝合金；成分在 $D\sim F$ 点之间的铝合金，其 α 固溶体成分随温度而变化，可用热处理强化，属于热处理可强化铝合金。

（2）铸造铝合金。成分位于 D 点右边的合金，由于有共晶组织存在，适于铸造，称为铸造铝合金。铸造铝合金中也有成分随温度而变化的 α 固溶体，故也能用热处理强化。但距 D 点越远，合金中 α 相越少，强化效果越不明显。

应该指出，上述分类并不是绝对的，例如，有些铝合金，其成分虽位于 D 点右边，但仍可压力加工，因此仍属于变形铝合金。

2. 铝合金的时效强化

碳含量较高的钢，在淬火后其强度、硬度立即提高，塑性则急剧降低。而热处理可强化的铝合金却不同，当它加热到 α 相区，保温后在水中快冷，其强度、硬度并没有明显升高，而塑性却得到改善，这种热处理称为固溶淬火（或固溶热处理）。淬火后的铝合金，如在室温下停留相当长的时间，它的强度、硬度才显著提高，同时塑性则下降。淬火后，铝合金的强度和硬度随时间而发生显著提高的现象称为时效强化或沉淀硬化。室温下进行的时效称为自然时效，加热条件下进行的时效称为人工时效。自然时效在最初的一段时间内，对铝合金强度影响不大，这段时间称为孕育期。在这段时间内，对淬火后的铝合金可进行冷加工（如铆接、弯曲、校直等）。随着时间的延长，铝合金才逐渐被显著强化。

铝合金时效强化的效果还与加热温度有关。时效温度增高，则时效强化过程加快，即合金达到最高强度所需时间缩短，但最高强度值却越低，强化效果不好。如果时效温度在室温以下，原子扩散不易进行，则时效过程进行很慢。生产中，某些需要进一步加工变形的零件（铝合金铆钉等），可在淬火后于低温状态下保存，使其在需要加工变形时仍具有良好的塑性。若人工时效的时间过长（或温度过高），反而使合金软化，这种现象称为过时效。

3. 铝合金的回归处理

回归处理是将已经时效强化的铝合金，重新加热到200~270℃。经短时间保温，然后在水中急冷，使合金恢复到淬火状态的处理。经回归后，合金与新淬火的合金一样，仍能进行正常的自然时效。但每次回归处理后，其再时效后强度逐次下降。回归处理在生产中具有实用意义。如零件在使用过程中发生变形，可在校形修复前进行回归处理；已时效强化的铆钉，在铆接前可施行回归处理

三、变形铝合金

铝合金分为变形铝合金和铸造铝合金两大类，变形铝合金可按其主要性能特点分为防锈铝、硬铝、超硬铝与锻铝等，变形铝合金常由冶金厂加工成各种规格的棒、型材、板、带、线、管、箔材及锻件等使用。变形铝及铝合金牌号、化学成分见GB/T3190—2008。

1. 防锈铝

防锈铝（Al—Mn系或Al—Mg系合金）具有优良的耐热性能和良好的塑性及焊接性，不能进行热处理强化，一般只能用冷变形来强化，可加工性能差。防锈铝适用于压力加工和焊接，常用拉深法制造各种高耐蚀性的薄板容器（如油箱等）、防锈蒙皮以及受力小、质轻、耐蚀的制品与结构件（如管道、窗框、灯具等）。防锈铝代号用"3A"或"5A"、加一组顺序号表示，常用合金有3A21、5A02。3A21在液体或气体介质中工作的低载荷零件，如油箱、油管、液体容器、饮料罐等；5A02在液体中工作的中等强度的焊接件、冷冲压件和容器等。

2. 硬铝

硬铝（Al—Cu—Mg系合金）具有强烈的时效强化作用、优良的可加工和耐热性，

但塑性、韧性和耐蚀性差。硬铝代号用"2A"、加一组顺序号表示，常用合金有2A11、2A12、2B11等。2B11主要用来制造铆钉；2A11（标准硬铝）既有相当高的硬度，又有足够的塑性，退火状态可进行冷弯、卷边、冲压，时效处理后又可大大提高其强度，在仪器制造中也有广泛应用（如光学仪器中目镜框等）；2A12合金经淬火自然时效后可获得高强度，是用量最大的铝合金，广泛用于制造飞机翼肋、翼架等受力构件。

3. 超硬铝

超硬铝（Al—Cu—Mg—Zn系合金）是室温强度较高的一类铝合金，耐蚀性差。超硬铝代号用"7A"、加一组顺序号表示，常用合金有7A03、7A04、7A09。目前应用最广的超硬铝合金是7A04，常用于飞机上受力大的结构零件，如起落架、大梁等在光学仪器中，用于要求质量轻而受力较大的结构零件。

4. 锻铝

锻铝（Al—Mg—Si—Cu系合金）具有良好的可锻造性能、热塑性及耐蚀性较高。防锈铝代号用"6A"或"2A"、加一组顺序号表示，常用合金有6A02、2A50、2A70、2A80、2A14。锻铝主要用作航空及仪表工业中各种形状复杂、要求比强度较高的锻件或模锻件，如各种叶轮、框架、支杆等。因锻铝的自然时效速率较慢、强化效果较低，故一般均采用淬火和人工时效。

四、铸造铝合金

与变形铝合金相比，铸造铝合金力学性能不如变形铝合金，但其铸造性能好，可进行各种成形铸造，生产形状复杂的零件。铸造铝合金的种类很多，主要有铝—硅系、铝—铜系、铝—镁系及铝—锌系四种，其中以铝硅系应用最广泛。

铸造铝合金的代号用"铸"、"铝"两字的汉语拼音的字首"ZL"及三位数字表示。第一位数表示合金类别（1为铝—硅系，2为铝—铜系，3为铝—镁系，4为铝—锌系）；第二位、三位数字为合金顺序号，序号不同者，化学成分也不同。例如，ZL102表示2号铝—硅系铸造铝合金。若优质合金在代号后面加"A"。

铸造铝合金牌号由"Z"和基体金属铝的化学元素符号、主要合金元素符号及表明合金化学元素名义百分含量（质量分数）×100的数字组成。若牌号后面加"A"表示优质。

铸造铝—硅合金一般用来制造轻质、耐蚀、形状复杂但强度要求不高的铸件，如发动机气缸、手提电动或风动工具（手电钻、风镐）以及仪表的外壳。同时加入镁。铜的铝—硅系合金（如ZL108等），还具有较好的耐热性与耐磨性，是制造内燃机活塞的合适材料。常用铸造铝合金的牌号、成分、力学性能及用途如表6-1所示，压铸铝合金的牌号、成分及用途如表6-2所示。

表 6-1 常用铸造铝合金的牌号、成分、性能和用途（摘自 GB/T1173—1995）

类别	代号牌号	化学成分（%）			铸造方法与合金状态	力学性能（不低于）			用途
		Si	其他	Al		R_m /MPa	A(%)	HBW	
铝硅合金	ZL101 ZAlSi7Mg	6.5~7.5	ω_{Mg}=0.25~0.45	余量	J，T5 S，T5	202 192	2 2	60 60	形状复杂的砂型、金属型和压力铸造零件，如飞机、仪器的零件，抽水机壳体，工作温度不超过185℃的汽化器等
	ZL102 ZAlSi12	10~13			J，F SB，JB，F SB，JB，T2	153 143 133	2 4 4	50 50 50	形状复杂的砂型、金属型压力铸造零件，如仪表、抽水机壳体，工作温度在200℃以下要求气密性承载低载荷的零件
	ZL105 ZAlSi5Cu1Mg	4.5~5.5	ω_{Cu}=1.0~1.5 ω_{Mg}=0.4~0.6		J，T5 S，T5 S，T6	231 212 222	0.5 1.0 0.5	70 70 70	砂型、金属型和压力铸造的形状复杂、在225℃以下工作的零件，如风冷发动机的气缸头、机匣等
	ZL108 ZAlSi12Cu2Mg1	11~13	ω_{Cu}=1.0~2.0 ω_{Mg}=0.4~1.0 ω_{Mn}=0.3~0.9		J，T1 J，T6	192 251		85 90	砂型、金属型铸造的、要求高温强度及低膨胀系数的高速内燃机活塞及其他耐热零件
铝铜合金	ZL201 ZAlCu5Mn		ω_{Cu}=4.5~5.3 ω_{Mn}=0.6~1.0 ω_{Ti}=0.15~0.35		S，T4 S，T5	290 330	8 4	70 90	砂型铸造在175~300℃以下工作的零件，如支臂、挂架梁、内燃机汽缸头、活塞等
	ZL201A ZAlCu5MnA		ω_{Cu}=4.8~5.3 ω_{Mn}=0.6~1.0 ω_{Ti}=0.15~0.35		S，J，T5	390	8	100	同上
铝镁合金	ZL301 ZAlMg10		ω_{Mg}=9.5~11.5		S，J，T4	280	10	60	砂型铸造的在大气或海水中工作的零件，承受大震动载荷，工作温度不超过150℃的零件
铝锌合金	ZL401 ZAlZn11Si7	6.0~8.0	ω_{Mg}=0.1~0.3 ω_{Zn}=9.0~13.0		J，T1 S，T1	241 192	1.5 2	90 80	压力铸造的零件，工作温度不超过200℃，结构形状复杂的汽车、飞机零件

注：J—金属型铸造，S—砂型铸造，B—变质处理，T1—人工时效，T2—290℃退火，T4—淬火＋自然失效，T5—淬火＋不完全失效，T6—淬火＋人工失效。

表 6-2　压铸铝合金牌号、成分及用途

类别	代号牌号	化学成分（%）									用途
		Si	Cu	Mn	Mg	Fe	Ni	Zn	Pb	其他	
Al—Si系	YL102 YZAlSi12	10.0~13.0	≤1.0	≤0.35	0.10	≤1.0	≤0.50	≤0.40	≤0.10	ω_{Sn}≤0.15	低负荷、形状复杂的薄壁件，如仪表壳、牙科设备
Al—S—Mg系	YL101 YZAlSi10Mg	9.0~10.0	≤0.60	≤0.35	0.45~0.65	≤1.0	≤0.50	≤0.40	≤0.10	ω_{Sn}≤0.15	汽车车轮罩、摩托车曲轴箱、自行车轮、船外机螺旋浆等
	YL104 YZAlSi10	8.0~10.5	≤0.3	0.2~0.5	0.3~0.5	0.5~0.8		≤0.10	≤0.30	≤0.05	ω_{Sn}≤0.01
Al—Si—Cu系	YL112 YZAlSi9Cu4	7.5~9.5	3.0~4.0	≤0.50	≤0.10	≤1.0	≤0.50	≤2.90	≤0.10	ω_{Sn}≤0.15	齿轮箱、汽车发动机件、煤气用具、活塞
	YL113 YZAlSi11Cu3	9.5~11.5	2.0~3.0	≤0.50	≤0.10	≤1.0	≤0.30	≤2.90	≤0.10		发动机机体、刹车块、泵和其他要求耐磨的零件
	YL117 YZAlSi17Cu5Mg	15.0~18.0	4.0~5.0	≤0.50	0.5~0.7	≤1.0	≤0.10	≤1.40	≤0.10	ω_{Ti}≤0.20	
Al—Mg系	YL302 YZAlMg5Si1	≤0.35	≤0.25	≤0.35	7.6~8.6	≤1.1	≤0.15	≤0.15	≤0.10	ω_{Sn}≤0.15	汽车油泵体、摩托车衬垫

五、铝合金产品图例

铝合金产品图例如图 6-2 所示。

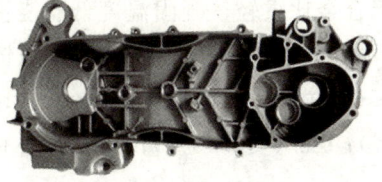

a）铸造铝合金轮毂　　b）铝合金高压锅　　c）摩托车发动机箱体

图 6-2　铝合金产品图例

思维训练

【例1】 铸造铝合金的表示方法？

【答】 铸造铝合金的代号用"铸"、"铝"两字的汉语拼音首字母"ZL"及三位数字表示。第一位数表示合金类别（1为铝—硅系，2为铝—铜系，3为铝—镁系，4为铝—锌系）；第二位、三位数字为合金顺序号，序号不同者，化学成分也不同。例如，ZL102表示2号铝—硅系铸造铝合金。若优质合金在代号后面加"A"。

铸造铝合金牌号由"Z"和基体金属铝的化学元素符号、主要合金元素符号及表明合金化学元素名义百分含量（质量分数）×100的数字组成。若牌号后面加"A"表示优质。

【例2】 铝合金的回归处理。

【答】 回归处理是将已经时效强化的铝合金，重新加热到200～270℃，经短时间保温，然后在水中急冷，使合金恢复到淬火状态的处理。经回归后合金与新淬火的合金一样，仍能进行正常的自然时效。但每次回归处理后，其在时效后强度逐次下降。回归处理在生产中具有实用意义。如零件在使用过程中发生变形，可在校形修复前进行回归处理；已时效强化的铆钉，在铆接前可施行回归处理。

应用实例

铸造铝合金船外机螺旋桨如图6-3所示。船外机螺旋桨形状复杂，在水下作业，要求轻便、耐蚀。

图6-3 铸造铝合金船外机螺旋桨

铝合金比重轻，凝固温度低、浇注易成型，压铸获得的铝合金组织致密、耐蚀性良好，故选用牌号为YZAlSi10Mg压铸铝合金。其化学成分：Si＝（9.0%～10.0%）；Cu（≤0.60%）；Mn（≤0.35%）；Mg＝（0.45%～0.65%）；Fe（≤1.0%）；Ni（≤0.50%）；Zn（≤0.40%）；Pb（≤0.10%）；Sn（≤0.15%）。

第二节　铜及铜合金

- 掌握黄铜、青铜牌号的基本含义；
- 会根据黄铜、青铜的牌号查化学成分、用途。

铜是重有色金属，其全世界产量仅次于铁和铝。工业上使用的纯铜，其铜含量为 99.70%～99.95%，它是玫瑰红色的金属，表面形成氧化亚铜 Cu_2O 膜层后呈紫色，故又称紫铜。因此，纯铜的主要用途是制作各种导电材料、导热材料及配置各种铜合金。

一、工业纯铜

工业纯铜分未加工产品（铜锭、电解铜）和加工产品（铜材）两种。未加工产品代号有 Cu—1、Cu—2 两种。加工产品代号有 T1、T2、T3 三种，代号中数字越大，表示杂质含量越多，则其导电性越差。无氧铜的含氧量极低，不大于 0.003%，其代号有 TU1、TU2。

二、铜合金的分类及牌号表示方法

1. 铜合金分类

按化学成分铜合金可分为黄铜、青铜及白铜（铜镍合金）三大类。机器制造业中，应用较广的是黄铜和青铜。

2. 铜合金牌号表示方法

（1）加工铜合金。铜合金的数字和汉字组成，为便于使用，常以代号替代牌号。

1）加工黄铜。普通加工黄铜代号表示方法为"H"＋铜元素含量（质量分数×100）。例如，H68% 表示 $\omega_{Cu}=68\%$、余量为锌的黄铜。特殊加工黄铜代号表示方法为"H"＋主加元素的化学符号（除锌以外）＋铜及各合金元素的含量（质量分数×100）。例如，HPb59－1 表示 $\omega_{Cu}=59\%$、$\omega_{Pb}=1\%$、余量为锌的加工黄铜。

2）加工青铜。代号表示方法是："Q"（"青"的汉语拼音字首）＋第一主加元素的化学符号及含量（质量分数×100）＋其他合金元素化学符号及含量（质量分数×100）。例如，QAl5 表示 Al＝5%、余量为铜的加工铝青铜。

（2）铸造铜合金。铸造黄铜与铸造青铜的牌号表示方法相同，它是："Z"＋铜元素化学符号＋主加元素的化学符号及含量（质量分数×100）＋其他合金元素化学符号及含量（质量分数×100）。例如，ZCuZn38 表示 $\omega_{Zn}=38\%$、余量为铜的铸造普通黄铜；ZCuSn10P1 表示 $\omega_{Sn}=10\%$、$\omega_P=1\%$、余量为铜的铸造锡青铜。

三、黄铜

1. 普通黄铜

普通黄铜（见表6-3）是 Cu—Zn 的二元合金，当含锌量小于39%时为单相黄铜，其塑性很好，适于冷、热变形加工。当含锌量大于39%时为双相黄铜，其强度高，热状态下塑性良好，适于热变形加工。

（1）H90（及 H80 等）。有优良的耐蚀性、导热性和冷变形能力，并呈金黄色，故有金色黄铜之称。常用于镀层、艺术装饰品、奖章、散热器等。

（2）H68（及 H70）按成分称为七三黄铜。它具有优良的冷、热塑性变形能力，适宜用冷冲压（深拉深、弯曲等）制造形状复杂而要求耐蚀的管、套类零件，如弹壳、波纹管等，故又有弹壳黄铜之称。

（3）H62（及 H59）按成分称为六四黄铜。它的强度较高，并有一定的耐蚀性，广泛用于制作电器上要求导电、耐蚀及适当强度的结构件，如螺栓、螺母、垫圈、弹簧及机器中的轴套等，是应用广泛的合金，有"商业黄铜"之称。

表 6-3 常用黄铜的牌号、成分及用途（摘自 GB/T2040—2002、GB/T5231—2001）

组别	牌号	化学成分（%）		主要特性及用途
		Cu	其他	
普通黄铜	H90	88.0～91.0	余量 Zn	良好塑性易于焊接、锻造及冷热压力加工，大气耐蚀性高。双金属片、供水和排水管、证章、艺术品
	H68	67.0～70.0	余量 Zn	极好塑性和较高强度、可切削性好、易焊接，应用最广泛。复杂冷冲压件、散热器除外壳、弹壳、导管、波纹管、轴套
	H62	60.5～63.5	余量 Zn	良好力学性能、热塑性好、冷塑性也可、可切削性好、易焊接，应用广泛。销钉、铆钉螺钉、螺母、垫圈、弹簧、夹线板
特殊黄铜	HSn62-1	61.0～63.0	$\omega_{Sn}=0.7\sim1.1$ 余量 Zn	良好力学性能、可切削性好、易焊接，在海水中有高耐蚀性，只适于热压加工。与海水和汽油接触的船舶零件（称海军黄铜）

(续表)

组别	牌号	化学成分（%）		主要特性及用途
		Cu	其他	
特殊黄铜	HSi80-3	79.0～81.0	$\omega_{Si}=2.5\sim4.5$ 余量 Zn	良好力学性能、可切削性好、易焊接，耐蚀性高、耐磨性也可。船舶零件，在海水、淡水和蒸汽（小于265℃）条件下工作的零件
	HMn58-2	57.0～60.0	$\omega_{Mn}=1.0\sim2.0$ 余量 Zn	良好力学性能、在海水中有高耐蚀性，易热态压力加工、冷态加工尚可，应用较广。弱电电路上使用的零件
	HPb59-1	57.0～60.0	$\omega_{Pb}=0.8\sim1.9$ 余量 Zn	良好力学性能、可切削性好、易焊接，能承受冷热压力加工。热冲压及切削加工零件，如销、螺钉、螺母、轴套（称易削黄铜）
铸造黄铜	ZCuZn40Mn2	57.0～60.0	$\omega_{Mn}=1.0\sim2.0$ 余量 Zn	在淡水、海水及蒸汽中工作的零件，如阀体、阀杆、泵管接头
	ZCuZn25Al6Fe3Mn3	60.0～66.0	$\omega_{Al}=4.5\sim7$ $\omega_{Fe}=2\sim4$ $\omega_{Mn}=1.5\sim4.0$ 余量 Zn	要求强度耐蚀零件，如压紧螺母、重型螺杆、轴承、衬套、耐磨板、滑块、蜗轮等
	ZCuZn38	60.0～63.0	余量 Zn	一般结构件，如散热器、法兰、阀座、手柄、螺母等
	ZCuZn33Pb2	63.0～67.0	$\omega_{Pb}=.0\sim3.0$ 余量 Zn	煤气和给水设备的壳体、仪器的构件等

2. 特殊黄铜

在普通黄铜的基础上，再加入其他合金元素所组成的多元合金称为特殊黄铜。常加入的元素有锡、铅、铝、硅、锰、铁等。特殊黄铜也可依据加入的第二合金元素命名，如锡黄铜、铅黄铜、铝黄铜、硅黄铜、锰黄铜等。

合金元素加入黄铜后，一般或多或少地提高其强度。加入锡、铝、锰、硅还可提高耐蚀性与减少黄铜应力腐蚀破裂的倾向，某些元素的加入还可以改善黄铜的工艺性能，如加硅可改善铸造性能、加铅可改善可加工性等。

四、青铜

常用青铜的牌号、成分及用途如表6-4所示。

表 6-4 常用青铜的牌号、成分及用途（摘自 GB/T20402002、GB/T5231—2001、GB/T4423—2007）

类别		牌号	化学成分（%）		主要用途
			第一主加元素	其他	
加工青铜	加工锡青铜	QSn4-3	$\omega_{Sn}=3.5\sim4.5$	$\omega_{Zn}=2.7\sim3.3$ 余量 Cu	弹性元件、管配件、化工机械中耐磨零件及抗磁零件
		QSn6.5—0.1	$\omega_{Sn}=6.0\sim7.0$	$\omega_{P}=0.10\sim0.25$ 余量 Cu	弹簧、接触片、振动片、精密仪器中的耐磨零件
	加工铍青铜	QBe2	$\omega_{Be}=1.8\sim2.1$	$\omega_{Ni}=0.2\sim0.5$ 余量 Cu	重要的弹簧与弹性元件，耐磨零件及在高速、高压和高温下工作的轴承
	加工铝青铜	QA17	$\omega_{Al}=6.0\sim8.0$	余量 Cu	重要用途的弹簧和弹性元件
铸造青铜	铸造铝青铜	ZcuAl9—4	$\omega_{Al}=8.0\sim10.0$	$\omega_{Fe}=2.0\sim4.0$ 余量 Cu	耐磨零件（压下螺母、轴承、蜗轮、齿圈）及在蒸汽、海水中工作的高度耐蚀件
	铸造铅青铜	ZCuPb30	$\omega_{Pb}=27.0\sim33.0$	余量 Cu	大功率航空发动机、柴油机曲轴及连杆的轴承、齿轮、轴套
	铸造锡青铜	ZCuSn10Pb1	$\omega_{Sn}=9.0\sim11.5$	$\omega_{Pb}=0.5\sim1.0$ 余量 Cu	重要的减摩零件，如轴承、轴套、涡轮、摩擦轮、机床丝抗螺母
		ZcuSn5Pb5Zn5	$\omega_{Sn}=4.0\sim6.0$	$\omega_{Zn}=4.0\sim6.0$ $\omega_{Pb}=4.0\sim6.0$ 余量 Cu	低速、中载荷的轴承、轴套及蜗轮耐磨件

1. 锡青铜（以锡为主加元素的铜合金）

（1）加工锡青铜。其含锡量一般为 $\omega_{Sn}<8\%$，适宜冷热压力加工，通常加工成板、带、棒、管等型材使用。经加工硬化后，这类合金的强度、硬度显著提高，但塑性也下降很多。如硬化后再经去应力退火，则可在保持较高强度的情况下改善塑性，尤其是可获得高的弹性极限，这对弹性零件极为重要。

（2）铸造锡青铜。其含锡、磷量一般均较加工锡青铜高，使它具有良好的铸造性能，适于铸造形状复杂但致密度要求不高的铸件。这类合金是良好的减摩材料，并有一定的耐磨性，适宜制造机床中滑动轴承、蜗轮、齿轮等零件。又因其耐蚀性好，故也是制造蒸汽管、水管附件的良好材料。常用的铸造锡青铜有 ZCuSn10P1 及 ZCuSn5Pb5Zn5 等。

2. 铝青铜和铍青铜

（1）铝青铜。铝青铜是以铝为主加元素的铜合金。一般含铝量为 5%～12%。

铝青铜的结晶温度范围很窄、收缩率较大，但能获得致密的、偏析小的铸件，故其力学性能比锡青铜高，且铝青铜还可以进行热处理强化。铝青铜的耐蚀性高于锡青铜与黄铜，并有较高的耐热性。在铝青铜中加入铁、锰、镍等元素，能进一步提高其性能。

铝青铜常用来制造强度及耐磨性要求较高的摩擦零件，如齿轮、涡轮、轴套等。常用的铸造铝青铜有 ZCuAl10Fe3、ZCuAl10Fe3Mn2 等。加工铝青铜（低铝青铜）用于制造仪器中要求耐蚀的零件和弹性元件。常用的加工铝青铜有 QAl5、QAl7、QAl9－4 等。

（2）铍青铜。铍青铜是以铍为主加元素的铜合金，铍含量为 1.7%～2.5%，是时效强化效果极大的铜合金。可贵的是，铍青铜的导热性、导电性、耐寒性也非常好，同时还有抗磁、受冲击时不产生火花等特殊性能。铍青铜主要用来制作精密仪器、仪表中各种重要用途的弹性元件、耐蚀、耐磨零件（如仪表中齿轮）、航海罗盘仪中零件及防爆工具零件。一般铍青铜是以压力加工后淬火为供应状态，工厂制成零件后，只需进行时效即可。但铍青铜价格昂贵、工艺复杂，因而限制了它的使用。

五、铜合金产品图例

铜合金产品图例如图 6-4 所示。

a）铸造铜合金佛像　　b）铸造铜合金涡轮　　c）铜截门

图 6-4　铜合金产品图例

应用实例

铸造铜合金轴瓦如图 6-5 所示。轴瓦材料要求有足够的抗压强度和疲劳强度、良好的耐磨性、良好的导热性和润滑性能以及耐腐蚀性。

铸造锡青铜耐磨性和耐蚀性好，易加工，铸造性能和气密性较好。它用于在较高负荷，中等滑动速度下工作的耐磨耐腐蚀零件。故轴瓦选用 ZCuSn5Pb5Zn5 铸造锡青铜，化学成分为：Sn（4.0%～6.0%）；Zn（4.0%～6.0%%、Pb（4.0%～6.0%）。

图 6-5 铸造铜合金轴瓦

能力拓展

（1）钛的三大功能。

（2）如何使 1kg 金属铜的价值升高（提示：铸成纪念币、工艺品、乐器）。

本章练习

一、填空题

1. 铸造铝合金牌号由"Z"和基体金属铝的化学元素符号、主要合金元素符号以及表明合金化学元素名义百分含量_____×100 的数字组成；若牌号后面加"A"表示优质。

2. 铝合金分为变形铝合金和铸造铝合金两大类，_____铝合金可按其主要性能特点分为防锈铝、硬铝、超硬铝与锻铝等，变形铝合金常由冶金厂加工成各种规格的棒、型材、板、带、线、管、箔材及锻件等使用。

3. 加工锡青铜适宜制造仪表上要求耐蚀及_____的零件、弹性零件、抗磁零件以及机器中的轴承、轴套等；常用的有 QSn4－3 及 QSn6.5－0.1 等。

4. 工业上使用的纯铜，其含铜量为 Cu＝99.70%～99.95%，它是玫瑰红色的金属，表面形成氧化亚铜 Cu_2O 膜层后呈紫色，故又称_____。

5. 在普通黄铜基础上，再加入其他合金元素所组成的多元合金称为_____黄铜。常加入的元素有锡、铅、铝、硅、锰、铁等。

二、判断题

1. 铸造铝－硅合金一般用来制造轻质、耐蚀、形状复杂但强度要求不高的铸件，如发动机气缸、手提电动或风动工具以及仪表的外壳。（　　）

2. 目前，用于制作铝合金的合金元素大致分为：主加元素如硅、铜、镁、锌、锰等；辅加元素如铬、钛、锆等。主加元素起显著强化作用，辅加元素作用不起作用可不添加。（　　）

3. 铍青铜主要用来制作精密仪器、仪表中各种重要用途的弹性元件、耐蚀、耐磨零件（如仪表中齿轮）、航海罗盘仪中零件及防爆工具零件。（   ）

4. 铝青铜常用来制造强度及耐磨性要求较高的摩擦零件，如齿轮、涡轮、轴套等；常用的铸造铝青铜有 ZCuAl10Fe3、ZCuAl10Fe3Mn2 等。（   ）

三、选择题

1. 铝合金有良好的表面光泽，在大气及淡水中具有良好的（   ），故在民用器皿制造中，具有广泛的用途。

    A. 耐腐蚀性   B. 抗氧化性   C. 耐热性

2. 铸造铝合金的种类很多，主要有铝－硅系、铝－铜系、铝－镁系及铝－锌系四种，其中以（   ）系应用最广泛。

    A. 铝镁   B. 铝硅   C. 铝铜

3. 按化学成分铜合金可分为黄铜、青铜及白铜（铜镍合金）三大类；机器制造业中，应用较广的是（   ）。

    A. 黄铜和青铜   B. 黄铜和白铜   C. 白铜和青铜

4. 铸造锡青铜具有良好的铸造性能，适于铸造形状复杂但致密度要求不高的铸件。这类合金是良好的减摩材料，并有一定的（   ），适宜制造机床中滑动轴承、蜗轮、齿轮等零件；常用的铸造锡青铜有 ZCuSn10P1 及 ZCuSn5Pb5Zn5 等。

    A. 耐磨性   B. 耐蚀性   C. 耐热性

5. 把除黑色金属以外，其余金属如铝、镁、铜、钛、锡、铅、锌等及其合金统称为（   ）。

    A. 有色金属   B. 重金属   C. 轻金属

四、名词解释

H68   HPb59－1   QA15

五、简答题

1. 简述 AlSi10Mg 的化学成分及应用。

2. 简述 uSn5Pb5Zn5 的成分及应用。

第七章 粉末冶金材料

粉末冶金是指用金属粉末（或金属粉末与非金属粉末的混合物）作为原料，经过成形和烧结，制造金属材料、复合材料以及各种类型制品的工艺技术。由于粉末冶金技术的优点，它已成为解决新材料问题的钥匙，在新材料的发展中起着举足轻重的作用。

粉末冶金材料是由几种金属粉末或金属与非金属粉末混匀压制成形，并经过烧结而获得的材料。由于它存在一些微小孔隙，因此属于多孔性的材料。

第一节 粉末冶金法及其应用

- 掌握粉末冶金材料牌号的基本含义；
- 了解粉末冶金材料在机械制造业中常用的材料。

粉末冶金法和金属的熔炼法与铸造方法有根本的不同，它不用熔炼和浇注。用金属粉末（包括纯金属、合金和金属化合物粉末）作原料，经混匀压制成形和烧结制成合金材料或制品，这种生产过程叫粉末冶金。

粉末冶金法既是制取具有特殊性能金属材料的方法，也是一种精密的无切削或少切削的加工方法。它可使压制品达到或极接近零件要求的形状、尺寸精度与表面粗糙度，使生产率和材料、利用率大为提高，并可节省切削加工用的机床和生产占地面积。

一、粉末金属材料的特点

粉末冶金具有原材料利用率高、制造成本低、材料综合性能好，产品精度高且稳定等优点。粉末冶金件热处理后，可使强度、硬度和耐磨性大大提高。粉末冶金件由

第七章 粉末冶金材料

于内部存在孔隙，其导热性降低，热处理淬火温度比普通钢件提高 50℃，加热时间也适当延长。粉末冶金件在油中淬火、不宜在盐水和碱水中淬火，以防止引起淬火裂纹。

近年来，粉末冶金材料应用很广。在普通机械制造业中，常用的有减摩材料、结构材料、摩擦材料及硬质合金等。在其他工业部门中，用以制造难熔金属材料（高温合金、钨丝等）、特殊电磁性能材料（如电器触头、硬磁材料、软磁材料等）、过滤材料（如空气的过滤、水的净化、液体燃料和润滑油的过滤以及细菌的过滤等）。特别是当合金的组元在液态下互不溶解，或各组元的密度相差悬殊的情况下，只能用粉末冶金法制取合金（这种制品称为假合金），如钨—铜电接触材料等。

由于压制设备吨位及模具制造的限制，粉末冶金法还能生产尺寸有限与形状不很复杂的工件。此外，粉末冶金制品的力学性能仍低于铸件与锻件。

粉末冶金材料牌号是采用汉语拼音首字母（F）和阿拉伯数字组成的六位符号体系来表示。"F"表示粉末冶金材料，后面数字与字母分别表示材料的类别和材料的状态或特性。

二、在机械制造中的应用

1. 烧结减摩材料

在烧结减摩材料中最常用的是粉末压制的多孔轴承，当它浸入润滑油中，其孔隙内可吸附大量润滑油产生自动润滑的作用。这是由于轴承旋转发热膨胀使孔隙容积缩小，在孔隙内外形成压力差，从而使孔隙内润滑油渗到轴承工作面上。停止工作时，润滑油又被吸附到孔隙内。多孔轴承一般用作中速、轻载荷的轴承，特别适宜不能经常加油的轴承，如纺织机械、食品机械、家用电器（电扇、电唱机）等轴承，在汽车、拖拉机、机床中也有广泛的应用。常用的多孔轴承有以下两类：

（1）铁基多孔轴承。常用的有铁—石墨（石墨含量为 0.5%～3%）烧结合金和铁—硫（含硫量为 0.5%～1%）—石墨（石墨含量为 1%～2%）烧结合金。前者硬度为 30～110HBW，组织是珠光体（＞40%）+铁素体+渗碳体（含硫量小于 5%）+石墨+孔隙，后者硬度为 35～70HBW，除有与前者相同的几种组织外，还有硫化物。组织中石墨或硫化物起固体润滑剂作用，能改善减摩性能，石墨还能吸附很多润滑油，形成胶体状高效能的润滑剂，从而进一步改善摩擦条件。

（2）铜基多孔轴承。常用的是 ZCuSn5Pb5Zn5 青铜粉末与石墨粉末制成。硬度为 20～40HBW。它的成分与 ZCuSn5Pb5Zn5 锡青铜相近，但其中有 0.3%～2%的石墨（质量分数），组织是 α 固溶体+石墨+铅+孔隙。铜基多孔轴承有较好的导热性、耐蚀性、抗咬合性，但承压能力较铁基多孔轴承小，常用于纺织机械、精密机械、仪表等。

近年来，出现了铝基多孔轴承。铝的摩擦因数比青铜小，故工作时温升也低，因此铝基多孔轴承可能在某些场合会逐渐代替铜基多孔轴承而得以广泛使用。

2. 烧结铁基结构材料（烧结钢）

烧结铁基结构材料是以碳钢粉末或合金钢粉末为主要原料，并采用粉末冶金方法制造成的金属材料或直接制成烧结结构零件。低碳钢粉末合金可制造受力小的零件或渗碳件、焊接件，高碳钢粉末合金淬火后可制造有一定强度的耐磨件。合金钢粉末合金淬火后可制造受力较大的烧结结构件（如液压泵及电钻齿轮）。

3. 烧结摩擦材料

烧结摩擦材料是由强度高、导热性好、熔点高的金属基（如用铁、铜）添加摩擦组元（如 Al_2O_3、SiO_2 及石棉等）和润滑组元（如铅、锡、石墨、二氧化钼等）组成的复合材料，添加剂用于改变材料的摩擦与磨损特性。其具有足够的强度，合适而稳定的摩擦系数，工作平稳可靠，耐磨及污染少等优点。烧结摩擦材料广泛应用于飞机、船舶、工程机械、农业机械、重型车辆上制动器与离合器。

思维训练

【例1】粉末冶金材料是什么？

【答】粉末冶金材料是由几种金属粉末或金属与非金属粉末混匀压制成形，并经过烧结而获得的材料。由于它存在一些微小孔隙，因此属于多孔性的材料。

【例2】什么是粉末冶金？

【答】用金属粉末（包括纯金属、合金和金属化合物粉末）作原料，经混匀压制成形和烧结制成合金材料或制品。这种生产过程叫粉末冶金。

【例3】金属材料的减摩性与耐磨性有什么区别？它们对金属组织与性能要求有什么不同？

【答】在软的基体上分布有坚硬的强化相或在硬的基体上分布软的质点组织，才能具有很好的减摩性；硬而脆的相均匀分布在基体上的组织才具有明显的耐磨性。

应用实例

粉末冶金铜基轴套如图 7-1 所示，粉末冶金铜基轴套以锡青铜粉末为原料，经过模具压制，在高温中烧结后整形而成。其基体有细微、均布的孔隙，经润滑油真空浸渍后形成含油状态。

图 7-1　粉末冶金铜基轴套

在炼钢、炼铁及矿山使用的冶金车辆设备多在承受一定的温度和粉尘等恶劣环境下作业，对于轴套多选用粉末冶金铜基轴套。

第二节　硬质合金

学习目标

- 掌握硬质合金牌号的基本含义；
- 会根据硬质合金的牌号查化学成分、物理及力学性能；
- 了解硬质合金的性能。

基础知识

硬质合金是以碳化钨（WC）或碳化钨与碳化钛（TiC）等高熔点、高硬度的碳化物为基体，并加入钴（或镍）作为黏结剂的一种粉末冶金材料。硬质合金广泛用作刀具材料，如车刀、铣刀、刨刀、钻头、镗刀等，用于切削铸铁、有色金属、塑料、化纤、石墨、玻璃、石材和普通钢材，也可以用来切削耐热钢、不锈钢、高锰钢、工具钢等难加工的材料，硬质合金在刀具、量具、模具的制造中得到了广泛应用。

一、硬质合金的性能特点

（1）硬度高、热硬性高、耐磨性好。由于硬质合金是以高硬度、高耐磨、极为稳定的碳化物为基体，在常温下，硬度可达86～93HRA，在900～1000℃温度下仍然有较高的硬度。故硬质合金刀具在使用时，其切削速度、耐磨性与寿命都比高速钢刀具有显著提高。这是硬质合金最突出的优点。

（2）硬质合金抗压强度比高速钢高，但抗弯强度方面（常用硬质合金的抗弯强度为900～1500MPa）硬质合金只有高速钢的1/3～1/2。硬质合金韧性差，为淬火钢的30%～50%。

此外，硬质合金还有良好的耐蚀性（抗大气、酸、碱等）与抗氧化性，硬质合金具有优良的切削性能。

硬质合金主要用来制造高速切削刀具和切削硬而韧的材料的刃具，此外，它也用来制造某些冷作模具、量具及不受冲击、振动的高耐磨零件（如磨床顶尖等）。硬质合金的缺点是抗弯强度和韧性较低、脆性大，因此不耐冲击和振动，因硬质合金硬度大、脆性大，除磨削外，不能进行切削加工，一般不能制成形状复杂的整体刀具，故将硬质合金制成一定规格的刀片，使用前将其紧固在刀体或模具上。

二、常用的硬质合金

常用的硬质合金按成分与性能特点可以分为六类，其牌号、成分和性能如表7-1所示，各种硬质合金应用范围如表7-2所示。

表 7-1 常用硬质合金的牌号、成分和性能

类别	牌号	化学成分（%）				力学性能，不低于	
		WC	TiC	TaC	Co	HRA	抗弯强度（MPa）
钨钴类合金	YG3X	96.5		<0.5	3	91.5	1100
	YG6	94			6	89.5	1450
	YG6X	93.5		<0.5	6	91	1400
	YG8	92			8	89	1500
	YG8C	92			8	88	1750
	YG11C	89			11	86.5	2100
	YG15	85			15	87	2100
	YG20C	80			20	82～84	2200
	YG6A	91		3	6	91.5	1400
	YG8A	91		<1.0	8	89.5	1500
钨钴钛类合金	YT5	85	5		10	89	1400
	YT15	79	15		6	91	1150
	YT30	66	30		4	92.5	900
通用合金	YW1	84	6	4	6	91.5	1200
	YW2	82	6	4	8	90.5	1300

表 7-2 常用硬质合金应用范围

牌号	应用范围
YG3X	灰铸铁、有色金属的精加工、合金钢、淬火钢等材料的切削加工
YG6X	灰铸铁、冷硬铸铁、合金铸铁、耐热钢、合金钢等材料的半精加工、精加工
YG6	灰铸铁、有色金属、非金属材料的粗加工、半精加工
YG8	灰铸铁、有色金属材料的粗加工，可断续切削加工
YT30	碳钢、合金钢等材料的精加工
YT15	碳钢、合金钢等材料的半精加工、精加工
YT14	碳钢、合金钢等材料的粗加工、半精加工、精加工
YT5	碳钢、合金钢等材料的粗加工、可断续切削加工
YG6A	硬铸铁、球墨铸铁、有色金属、高锰钢、合金钢、淬火钢等材料半精加工、精加工

(续表)

牌号	应用范围
YG8A	硬铸铁、球墨铸铁、白口铁、有色金属、不锈钢等材料的半精加工、精加工
YW1	不锈钢、耐热钢、高锰钢等难加工材料的半精加工、精加工
YW2	

1. 钨钴类硬质合金（K类）

钨钴类硬质合金（K类）的主要化学成分为碳化钨及钴。其代号用"硬"、"钴"两字汉语拼音首字首母"YG"加数字表示，相当于ISO标准的K类。常用牌号有YG3、YG3X、YG6、YG6X、YG8。数字表示含钴量的百分数。例如YG6，表示钨钴类硬质合金（$\omega_{Co}=6\%$），余量为碳化钨。

YG类硬质合金比YT类硬质合金的导热性、强度和韧性都好，有较好的抗冲击、抗振性能。钨钴类硬质合金主要用于切削加工铸铁等脆性金属材料、有色金属及非金属材料，切削这些材料时，切屑呈崩碎状、切削力和切削热都集中在刀刃附近，对刀具冲击很大，YG类硬质合金有较高的抗弯强度和韧性，可减少切削时的崩刀；同时其导热性较高，有利于降低刀刃和刀尖温度。另外，其磨削性也较好，刃口比较锐利。在加工淬火钢、高强度钢、不锈钢和高温合金时，由于切削力较大，切削力都集中在刀刃附近易造成崩刃，也应采取韧性比较好的YG类硬质合金。含钴量较多的牌号，适合于粗加工及断续切削；含钴量较少的牌号，适合于精加工。

2. 钨钴钛类硬质合金（P类）

钨钴钛类硬质合金（P类）的主要化学成分为碳化钨、碳化钛及钴。其代号用"硬"、"钛"两字汉语拼音首字母"YT"加数字表示，相当于ISO标准的P类，常用牌号有YT5、YT14、YT15、YT30。数字表示碳化钛含量的百分数。例如YT15，表示钨钴钛类硬质合金，TiC=15%，余量为碳化钨及钴。

硬质合金中，碳化物的含量越多，钴含量越少，则合金的硬度、热硬性及耐磨性越高，但强度及韧性越低。当含钴量相同时，YT类合金由于碳化钛的加入，具有较高的硬度与耐磨性。同时，由于这类硬质合金表面会形成一层氧化钛薄膜，切削时不易黏刀，故具有较高的热硬性。但其强度和韧性比YG类合金低。YT类硬质合金则适宜加工钢件等塑性金属材料。同一类硬质合金中，含钴量较高者适宜制造粗加工刀具；反之，则适宜制造精加工刀具。加工含钛的不锈钢及钛合金时，不宜选用YT类硬质合金。

3. 通用硬质合金（M类）

通用硬质合金（M类）是以碳化钽（TaC）或碳化铌（NbC）取代YT类合金中的一部分TiC。在硬度不变的条件下，取代的数量越多，合金的抗弯强度越高。它适用于切削各种钢材，特别对于不锈钢、耐热钢、高锰钢等难于加工的钢材，切削效果更好。

它也可代替 YG 类合金加工铸铁等脆性材料，但韧性较差，效果并不比 YG 类合金好。通用硬质合金又称"万能硬质合金"其代号用"硬"、"万"两字汉语拼音首字母"YW"加顺序号表示，相当于 ISO 标准的 M 类，常用牌号有 YW1、YW2。YW 类硬质合金价格较贵，主要用于耐热钢、高锰钢、不锈钢等难加工材料的切削加工。

上述硬质合金的硬度很高、脆性大，除磨削外，不能进行一般的切削加工，故冶金厂将其制成一定规格刀片供应。使用前再将其固紧（用焊接、黏结或机械固紧）在刀体或模具体上。

近年来，用粉末冶金法还生产了另一种新型工模具材料——钢结硬质合金。其主要化学成分是碳化钛或碳化钨以及合金刚粉末（需用质量分数为 50%～65% 铬钼钢或高速钢作为黏结剂）。因此它与钢一样可进行锻造、热处理、焊接与切削加工。它在淬火低温回火后，硬度达 70HRC，具有高耐磨性、抗氧化及耐蚀性等优点。用作刀具时，钢结硬质合金的寿命与 YG 类合金差不多，大大超过合金工具钢，如用作高负荷冷冲模时，由于具有一定韧性，寿命比 YG 类提高很多倍。由于它可切削加工，故适宜制造各种形状复杂的刀具、模具与要求刚度大、耐磨性好的机械零件，如镗杆、导轨等。

三、硬质合金产品图例

硬质合金产品图例如图 7-2 所示。

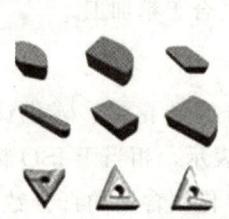 

a）硬质合金刀块　　　　b）硬质合金焊接车刀

图 7-2　硬质合金产品图例

思维训练

【例1】硬质合金有哪些特点？

【答】硬质合金硬度高、热硬性高、耐磨性好。硬质合金刀具具有优良的切削性能，其切削速度、耐磨性与寿命都比高速钢刀具有显著提高，这是硬质合金最突出的优点。硬质合金抗压强度比高速钢高，硬质合金韧性差，抗弯强度只有高速钢的 1/3～1/2。

【例2】硬质合金刀具材料的选择？

【答】钨钴类硬质合金主要用于切削加工铸铁等脆性金属材料、有色金属及非金属

材料。

YT 类硬质合金适宜加工钢件等塑性金属材料，加工含钛的不锈钢及钛合金时，不宜选用 YT 类硬质合金。YW 类硬质合金适用于切削各种钢材，因其价格较贵，主要用于耐热钢、高锰钢、不锈钢等难加工材料的切削加工。

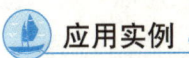 应用实例

钢料重型切削常用的刀具材料的选用：重型切削深度一般可达 30～50mm，余量不均，工件表面有硬化层，粗加工阶段的刀具磨损以磨粒磨损形式为主；切削速度一般为 15～20m/min；刀具材料的选择要耐磨损、抗冲击。

陶瓷类刀具硬度高，但抗弯强度低，冲击韧性差，不适于余量不均的重型车削。硬质合金有较低的摩擦系数，可降低切削时的切削力及切削温度，大大提高刀具耐用度，适于高硬度材料和重载车削粗加工。

YT 类硬质合金有高硬度和耐磨性、高耐热性、抗黏结扩散能力和抗氧化能力，是重型车削常用的刀具材料，适于加工钢料。

本章练习

一、填空题

1. 粉末冶金法和金属的熔炼法与铸造方法有根本的不同，它不用_____和浇注。
2. 粉末冶金法既是制取具有特殊性能金属材料的方法，也是一种_____的无切屑或少切屑的加工方法。
3. YG6，表示钨钴类硬质合金，Co＝6％，余量为_____。
4. YT15，表示钨钴钛类硬质合金，TiC＝15％，余量为碳化钨及_____。

二、判断题

1. 粉末冶金材料是由几种金属粉末或金属与非金属粉末混匀压制成形，并经过烧结而获得的材料。由于它存在一些微小孔隙，属多孔性的材料。（   ）
2. 粉末冶金是制取金属或用金属粉末（或金属粉末与非金属粉末的混合物）作为原料，经过成形和烧结，制造金属材料、复合材料以及各种类型制品的工艺技术。（   ）
3. 硬质合金刀具在使用时，其切削速度、耐磨性与寿命都比高速钢刀具有显著提高，这是硬质合金最突出的优点。（   ）
4. YW 类硬质合金适用于切削各种钢材，因其价格较贵，主要用于耐热钢、高锰钢、不锈钢等难加工材料的切削加工。（   ）

三、选择题

1. 粉末冶金件由于内部存在有孔隙、使（   ）降低，热处理淬火温度比普通钢

件提高50℃、加热时间也适当延长。

  A. 导热性   B. 耐磨性   C. 热硬性

  2. 粉末冶金材料牌号是采用汉语拼音字母（ ）和阿拉伯数字组成的六位符号体系来表示。"F"表示粉末冶金材料，后面数字与字母分别表示材料的类别和材料的状态或特性。

  A. F   B. M   C. G

  3. 硬度高、（ ）高、耐磨性好。由于硬质合金是以高硬度、高耐磨、极为稳定的碳化物为基体，在常温下，硬度可达86～93HRA，在900～1000℃温度下仍然有较高的硬度。

  A. 热硬性   B. 塑性   C. 抗拉强度

  4. 硬质合金中，（ ）的含量越多，钴含量越少，则合金的硬度、热硬性及耐磨性越高，但强度及韧性越低。

  A. 钨   B. 碳化物   C. 钴

四、词解释

硬质合金 粉末冶金

五、简答题

1. 简述烧结减摩材料的特点及应用。
2. 简述烧结摩擦材料的特点及应用。
3. 简述硬质合金的应用。
4. 硬质合金刀具材料的选择有哪些？

第八章 金属的结构与结晶

不同的金属材料具有不同的力学性能，即使是同一种金属材料，在不同的条件下其性能也是不同的。金属性能的这些差异，从本质上来说，是由其内部结构所决定的。

第一节 金属的晶体结构

学习目标

- 了解晶体与非晶体的区别；
- 了解金属常见晶格类型；
- 了解晶体具有各向异性的原因。

基础知识

金属材料通常都是一种晶体材料。金属的晶体结构指的是金属材料内部的原子排列的规律。它决定着材料的显微组织和宏观性能。

一、晶体与非晶体

固态物质按其原子（或分子）的聚集状态，可分为晶体和非晶体两大类。在物质内部，凡原子呈无序堆积状况的，称为非晶体，在自然界中，除少数物质（普通玻璃、松香、石蜡等）是非晶体外，绝大多数固态无机物都是晶体。凡原子呈有序、有规则排列的物体称为晶体。金属的在固态下一般均属于晶体。

晶体与非晶体由于原子排列方式不同，它们的性能也有差异。晶体具有固定的熔点，其性能呈各向异性；非晶体没有固定熔点，而且表现为各向同性。

169

二、晶体结构的概念

1. 晶格

晶体内部原子是按一定的几何规律排列的。为了便于理解，把原子看成是一个小球，则金属晶体就是由这些小球有规律地堆积而成的物体，如图 8-1 所示。

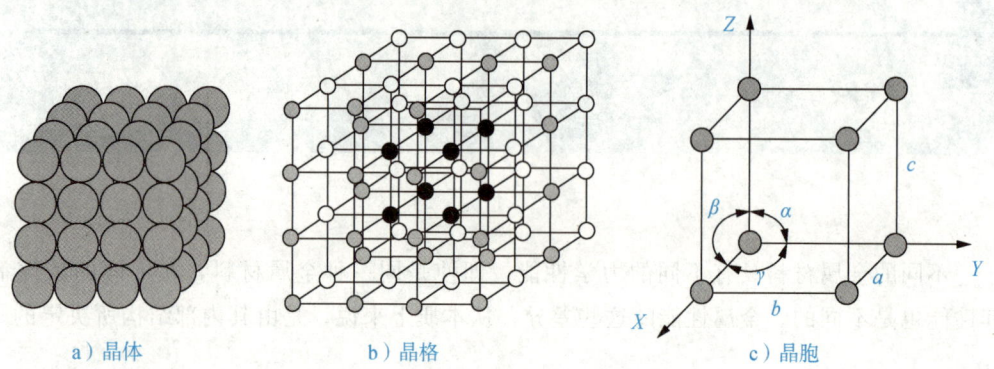

a）晶体　　　　　b）晶格　　　　　c）晶胞

图 8-1　晶体内部原子排列示意图

为了形象地表示晶体中原子排列的规律，可以将原子简化成一个点，用假想的线将这些点连接起来，构成有明显规律性的空间格架。这种表示原子中晶体中排列规律的空间格架叫做晶格。

2. 晶胞

由图 8-1 可见，晶格是由许多形状、大小相同的最小几何单元重复堆积而成的。能够完整地反映晶格特征的最小几何单元称为晶胞。

三、金属常见晶格类型

金属的晶格类型很多，但绝大多数金属都属于下面三种晶格。

1. 体心立方晶格

它的晶胞是一个立方体，原子位于立方体的八个顶角上和立方体的中心，如图 8-2 所示。属于这种晶格类型的金属有 Cr、V、W、Mo 及 α—Fe 等金属。

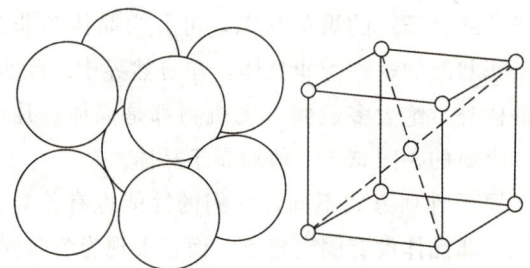

图 8-2　体心立方晶格示意图

2. 面心立方晶格

它的晶胞也是一个立方体，原子位于立方体的八个顶角上和立方体六个面的中心，如图 8-3 所示。属于这种晶格类型的金属有 Al、Cu、Pb、Ni 及 γ—Fe 等金属。

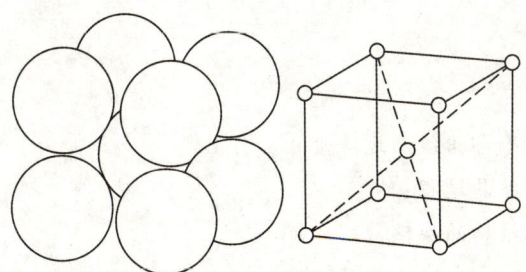

图 8-3　面心立方晶格示意图

3. 密排六方晶格

它的晶胞是一个正六棱柱体，原子排列在柱体的每个顶角上和上、下底面的中心，另外三个原子排列在柱体内，如图 8-4 所示。属于这种晶格类型的金属有 Mg、Be、Cd 及 Zn 等金属。

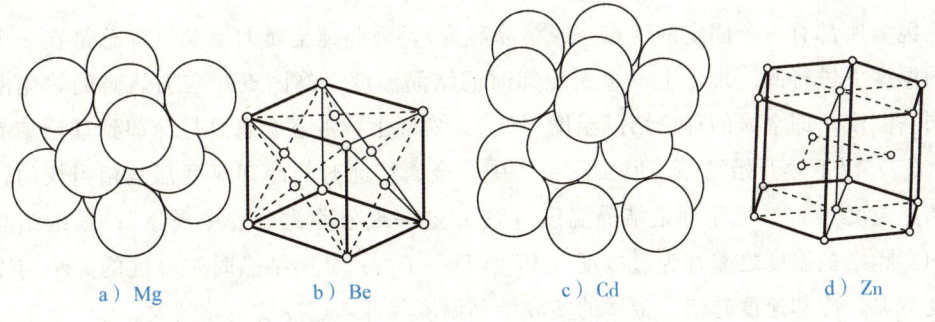

a）Mg　　　b）Be　　　c）Cd　　　d）Zn

图 8-4　密排六方晶格示意图

四、晶面和晶向

在晶体中由一系列原子组成的平面，称为晶面。通过两个或两个以上原子中心的直线，可代表晶格空间排列的一定方向，称为晶向。由于在同一晶格的不同晶面和晶向上原子排列的疏密程度不同，因此原子结合力也就不同，从而在不同的晶面和晶向上显示出不同的性能，这就是晶体具有各向异性的原因。

第二节　纯金属的结晶

学习目标

- 了解纯金属的冷却曲线及过冷度；
- 掌握纯金属的结晶过程；
- 掌握金属晶体结构的缺陷。

基础知识

金属材料通常需要经过熔炼和铸造，要经历由液态变成固态的凝固过程。金属由原子不规则排列的液体转变为原子规则排列的固体的过程称为结晶。了解金属结晶的过程及规律，对于控制材料内部组织和性能是十分重要的。

一、纯金属的冷却曲线及过冷度

纯金属都有一个固定的熔点（或结晶温度），因此纯金属的结晶过程总是在一个恒定的温度下进行的。理论上，金属冷却时的结晶温度（凝固点）与加热时的熔化温度是同一温度，即金属的理论结晶温度（T_0）。实际上，液态金属总是冷却到理论结晶温度（T_0）以下才开始结晶。但实际生产中，金属结晶时的冷却速度都是相当快的，实际结晶温度（T_1）低于理论结晶温度（T_0）这一现象称为"过冷现象"；理论结晶温度和实际结晶温度之差称为过冷度（$\Delta T = T_0 - T_1$）。金属结晶时过冷度的大小与冷却速度有关，冷却速度越快，金属的实际结晶温度越低，过冷度也就越大。

二、纯金属的结晶过程

液态金属的结晶是指在一定过冷度的条件下，从液体中首先形成一些微小而稳定的小晶体，然后以它为核心逐渐长大。这种作为结晶核心的微小晶体称为晶核。在晶核长大的同时，液体中又不断产生新的晶核并不断长大，直到它们互相接触，液体完全消失为止。因此，结晶过程是晶核的形成与长大的过程。

如图8-5所示，实验证明，液态金属中，总是存在着许多类似于晶体中原子有规则排列的小集团。在理论结晶温度以上，这些小集团是不稳定的，时聚时散，此起彼伏。当低于理论结晶温度时，这些小集团中的一部分就成为稳定的结晶核心，称为晶核。

结晶开始时，液体中某些部位的原子集团先后按一定的晶格类型排列成微小的晶核，以后晶核向着不同位向按树枝生长方式长大，当成长的枝晶与相邻晶体的枝晶互相接触时，晶体就向着尚未凝固的部位生长，直到枝晶间的金属液全部凝固为止，最后形成了许多互相接触而外形不规则的晶体。这些外形不规则而内部原子排列规则的小晶体称为晶粒。由于每个晶粒的位向不同,使它们相遇时不能合为一体,这些晶粒与晶粒之间的分界面称为晶界(见图 8-6)。

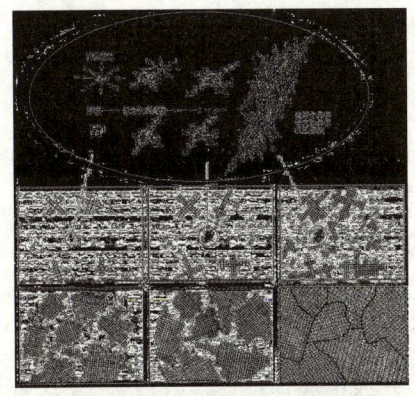

图 8-5　金属的结晶过程示意图

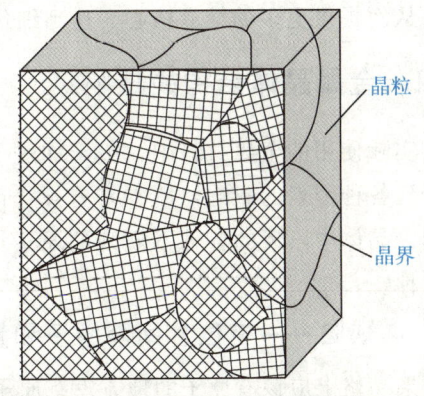

图 8-6　晶粒和晶界示意图

结晶后只有一个晶粒的晶体称为单晶体,单晶体中的原子排列位向是完全一致的,其性能是各向异性的。如果结晶后的晶体是由许多位向不同的晶粒组成的,则称为多晶体。实际金属为多晶体。

三、晶粒大小对金属力学性能的影响

金属结晶后是由许多晶粒组成的多晶体。实验表明,晶粒大小对金属的力学性能、物理性能和化学性能均有很大的影响。例如,金属的强度、硬度、塑性和韧性等都随晶粒的细化而提高,因此必须了解影响晶粒大小的因素及控制方法。金属的晶粒大小对金属的力学性能有重要的影响。一般地说,在室温下,细晶粒金属具有较高的强度和韧性。

为了提高金属的力学性能,必须控制金属结晶后的晶粒大小。分析结晶过程可知,金属晶粒大小取决于结晶时的形核率(单位时间、单位体积内所形成的晶核数目)与晶核的长大速度。形核率越高、长大速度越小,则结晶后的晶粒越细小。因此,细化晶粒的根本途径是控制形核率及长大速度。常用的细化晶粒方法有以下几种:

1. 增加过冷度

在实际生产中,液态金属能达到的过冷范围内,形核率的增长比长大速率的增长要快。在很大范围内,过冷度越大,单位体积中晶粒数目越多。因此,增加过冷度能使晶粒细化。这种方法只适用于中、小型铸件,对于大型铸件则需要用其他方法使晶粒细化。

2. 变质处理

在浇注前向液态金属中加入一些细小的形核剂(又称变质剂或孕育剂),使它分散在金属液中作为人工晶核,可使晶粒显著增加;或者降低晶核的长大速度,这种细化晶粒的方法称为变质处理。铸铁熔液中加入硅铁、硅钙等均能起到细化晶粒的作用。

3. 振动处理

在结晶时，对金属液加以机械振动、超声波振动和电磁振动等，使生长中的枝晶破碎，从而提供更多的结晶核心，达到细化晶粒的目的。

四、金属晶体结构的缺陷

在实际使用的金属材料中，由于加进了其他种类的原子及材料在冶炼后的凝固过程中受到各种因素的影响，使本来有规律的原子堆积方式受到干扰，不像理想晶体那样规则。晶体中出现的各种不规则的原子堆积现象称为晶体缺陷。常见的晶体缺陷有以下几种。

1. 点缺陷——空位、间隙原子和置代原子

如果晶格上应该有原子的地方没有原子，在那里就会出现"空洞"，这种原子堆积上的缺陷叫做"空位"；在晶格的某些空隙处出现多余的原子或挤入外来原子的缺陷叫做间隙原子；异类原子占据晶格的节点位置的缺陷称为置代原子。图8-7所示为空位、间隙原子和置代原子的示意图。空位、间隙原子和置代原子的存在，均会使周围的原子偏离平衡位置，引起附近晶格畸变。

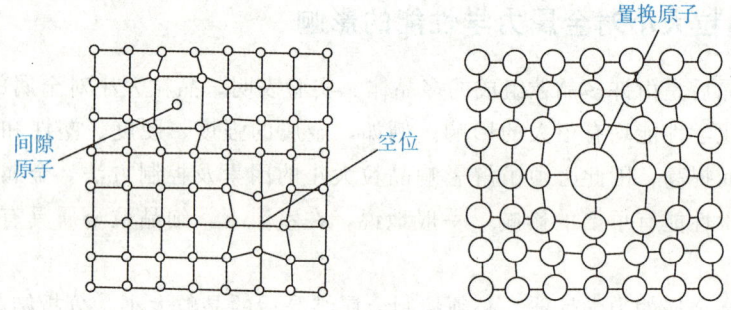

图8-7 空位、间隙原子和置代原子示意图

2. 线缺陷——位错

晶体中某处有一列或若干列原子发生有规律的错排现象叫做位错。位错有刃型位错、螺性位错等。形式比较简单的如图8-8所示的刃型位错。在位错的附近区域，晶格发生了畸变。位错的特点之一是很容易在晶体中移动，金属材料的塑性变形便是通过位错运动来实现的。

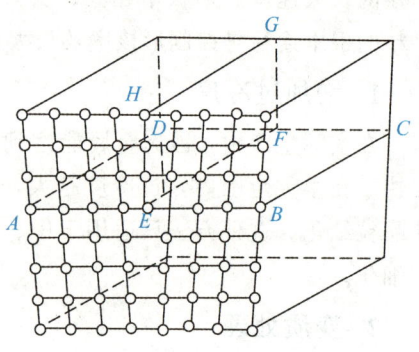

图8-8 刃型位错示意图

3. 面缺陷——晶界和亚晶界

实际金属为多晶体，是由大量外形不规则

的晶粒组成的。每个晶粒相当于一个单晶体。所有晶粒结构完全相同,但彼此之间的位向不同,一般相差几度或几十度。晶界处的原子排列是不规则的,这里的原子处于不稳定的状态。亚晶示意图如图 8-9 所示,晶界的过渡结构示意图如图 8-10 所示。

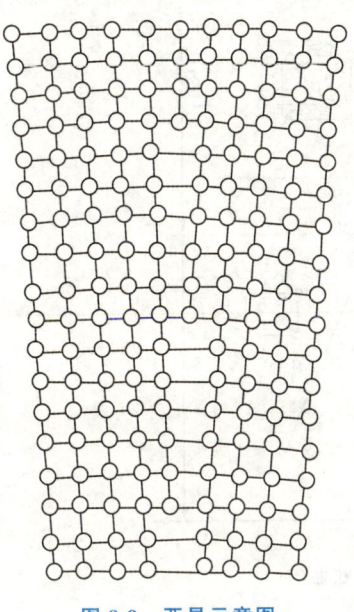

图 8-9　亚晶示意图　　　　图 8-10　晶界的过渡结构示意图

实验证明,即使在一颗晶粒内部,其晶格位向也不像理想晶体那样完全一致,而是分隔成许多尺寸很小、位向差很小(只有几分,最多达一二度)的小晶块,它们相互嵌镶成一颗晶粒,这些小晶块称为亚晶粒(或嵌镶块)。亚晶粒之间的界面称为亚晶界。亚晶界处的原子排列与晶界相似,也是不规则的。

晶体中存在的空位、间隙原子、置代原子、位错、晶界及亚晶界等结构缺陷,都会造成晶格畸变,引起塑性变形抗力的增大,从而使金属的强度提高。

五、金属的同素异构转变

金属在固态下,随温度的改变由一种晶格转变为另一种晶格的现象称为同素异构转变。具有同素异构转变的金属有铁、钴、钛、锡、锰等。以不同晶格形式存在的同一金属元素的晶体称为该金属的同素异晶体。同一金属的同素异晶体按其稳定存在的温度,由低温到高温依次用希腊字母 α,β,γ,δ 等表示。

如图 8-11 所示为纯铁的冷却曲线。液态纯铁在 1538℃进行结晶,得到具有体心立方晶格的 δ—Fe,继续冷却到 1394℃时发生同素异构转变,δ—Fe 转变为面心立方晶格的 γ—Fe,再冷却到 912℃时又发生同素异构转变,γ—Fe 转变为体心立方晶格的 α—Fe,如再继续冷却到室温,晶格的类型不再发生变化。

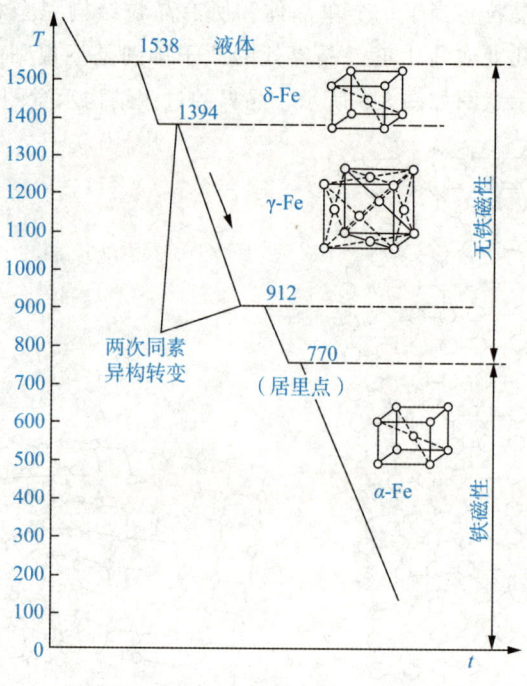

图 8-11 纯铁的冷却曲线

金属的同素异构转变与液态金属的结晶过程有许多相似之处：有一定的转变温度，转变时有过冷现象；放出和吸收潜热；转变过程也是一个形核和晶核长大的过程。

另一方面，同素异构转变属于固态相变，又具有本身的特点。例如，同素异构转变时，新晶格的晶核优先在原来晶粒的晶界处形核；转变需要较大的过冷度。晶格的变化伴随着金属体积的变化，转变时会产生较大的内应力。例如 γ—Fe 转变为 α—Fe 时，铁的体积会膨胀约 1%。这是钢热处理时引起应力，导致工件变形和开裂的重要原因。

实验表明，在 770℃ 以上，纯铁将失去铁磁性。770℃ 时的转变称为磁性转变。

第九章 铁碳合金

纯金属虽然得到一定的应用，但它的强度、硬度一般都较低，而且价格较高，因此，在使用上受到很大的限制。在工业生产中广泛使用的是合金。

第一节 合金的晶体结构

学习目标

- 了解合金的基本概念；
- 掌握合金的相结构。

基础知识

合金是一种金属元素与其他金属元素或非金属元素通过熔炼或其他方法结合而成的具有金属特性的材料。例如，普通黄铜是由铜和锌两种金属元素组成的合金，碳素钢是由铁和碳组成的合金。与组成合金的纯金属相比，合金除具有更好的力学性能外，还可以调整组成元素之间的比例，以获得一系列性能各异的合金，从而满足工业生产对不同性能的合金的要求。

一、合金的基本概念

组成合金的最基本的独立物质称为组元（简称元），组元可以是金属元素、非金属元素或稳定化合物。根据组元数目的多少，合金可分为二元合金、三元合金和多元合金。例如，普通黄铜就是由铜和锌两个组元组成的二元合金，硬铝是由铝、铜、镁或铝、铜、锰组成的三元合金。

在合金中成分、结构及性能相同的组成部分称为相。相与相之间具有明显的界面。

数量、形态、大小和分布方式不同的各种相组成合金组织。

根据合金中各组元之间结合方式的不同,合金的组织可分为固溶体、金属化合物和混合物三类。

二、合金的相结构

1. 固溶体

固溶体是一种组元的原子溶入另一组元的晶格中所形成的均匀固相。溶入的元素称为溶质,而基体元素称为溶剂。固溶体仍然保持溶剂的晶格类型。

根据溶质原子在溶剂晶格中所处位置的不同,固溶体可分为间隙固溶体和置换固溶体两类。

(1) 间隙固溶体。溶质原子分布于溶剂晶格间隙之中而形成的固溶体,称为间隙固溶体。图 9-1a 所示为间隙固溶体结构示意图。由于溶剂晶格的空隙尺寸很小,故能够形成间隙固溶体的溶质原子,通常都是一些原子半径小于 1A 的非金属元素。例如,碳、氮、硼等非金属元素溶入铁中形成的固溶体即属于这种类型。由于溶剂晶格的空隙有限,所以间隙固溶体能溶解的溶质原子数量也是有限的。

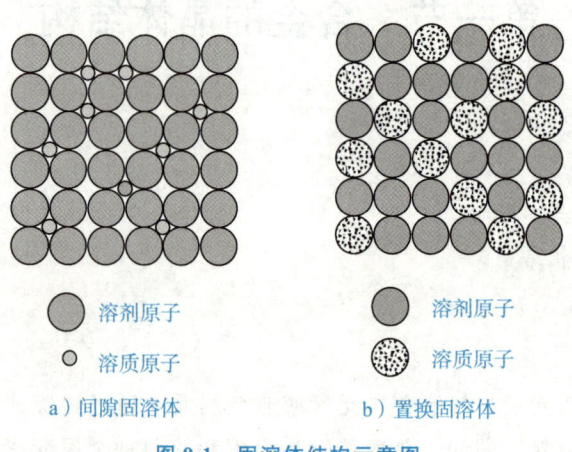

图 9-1　固溶体结构示意图

(2) 置换固溶体。溶质原子置换了溶剂晶格节点上某些原子而形成的固溶体,称为置换固溶体。图 9-1b 所示为置换固溶体结构示意图。

在置换固溶体中,溶质在溶剂地中的溶解度主要取决于两者的原子半径、在化学元素周期表中的位置及晶格类型等。一般地说,若两者晶格类型相同、电子结构相似、原子半径差别小、周期表中位置近,则溶解度大,甚至可以形成无限固溶体;反之,则溶解度小。有限固溶体的溶解度与温度有密切关系,一般地说温度越高,溶解度越大。

如图 9-2 所示,在固溶体中由于溶质原子的溶入而使溶剂晶格发生畸变,从而使合金对塑性变形的抗力增加。这种通过溶入溶质元素形成固溶体,使金属材料强度、硬度升高的现象,称为固溶强化。它是提高金属力学性能的重要途径之一。

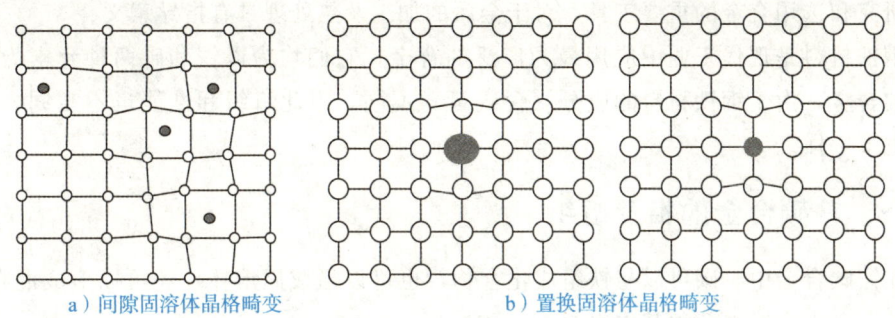

a) 间隙固溶体晶格畸变　　　　b) 置换固溶体晶格畸变

图 9-2　固溶体中的晶格畸变示意图

2. 金属化合物

合金组元间发生相互作用而形成一种具有金属特性的物质称为金属化合物。金属化合物的组成一般可用化学式来表示。金属化合物的晶格类型不同于任一组元,一般具有复杂的晶格结构。金属化合物的熔点一般较高,性能硬而脆。当它呈细小颗粒均匀分布在固溶体基体上时,将使合金的强度、硬度和耐磨性明显提高,这一现象称为弥散强化。金属化合物是许多合金的重要组成相。

3. 混合物

两种或两种以上的相按一定质量分数组成的物质称为混合物。混合物中的组成部分可以是纯金属、固溶体或化合物各自的混合,也可以是它们之间的混合。混合物中各相仍保持自己原来的晶格。在显微镜下可以明显辨别出各组成相的形貌。混合物的性能取决于各组成相的性能,以及它们分布的形态、数量及大小。

第二节　铁碳合金相图

- 了解铁碳合金的相及组织;
- 掌握铁碳合金相图的组成;
- 了解铁碳合金的分类;
- 掌握铁碳合金的成分、组织与性能的关系。

同一个合金系,因成分的变化,其组织也不同;另一方面,同一成分的合金,其

组织随温度的不同而变化。相图是合金的成分、温度和组织之间关系的一个简明图表，它是研究和选用合金的重要工具，对于金属的加工及热处理具有指导意义。

钢铁材料是现代工业中应用最为广泛的合金，它们均为以铁和碳两种元素为主要元素的合金，由于钢铁材料的成分（含碳量）不同，因此组织和性能也不相同，应用场合也不一样。

一、铁碳合金的相及组织

在铁碳合金中，碳可以与铁组成化合物，也可以形成固溶体，还可以形成混合物。在铁碳合金中有以下几种基本组织：

1. 铁素体

碳溶解在 α—Fe 中形成的间隙固溶体称为铁素体，用符号 F 来表示，其晶胞如图 9-3 所示。由于 α—Fe 是体心立方晶格，晶格间隙较小，所以碳在 α—Fe 中的溶解度很小。在 727℃ 时，α—Fe 中最大溶碳量仅为 0.0218%，随着温度的降低，α—Fe 中的溶碳量逐渐减小，在室温时碳的溶解度几乎等于零。由于铁素体的含碳量低，所以铁素体的性能与纯铁相似，即具有良好的塑性和韧性，而强度和硬度较低。图 9-4 所示为铁素体的显微组织。

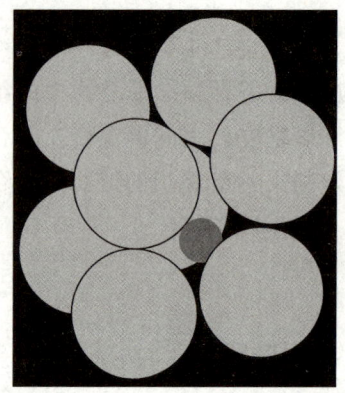

图 9-3 铁素体的晶胞示意图

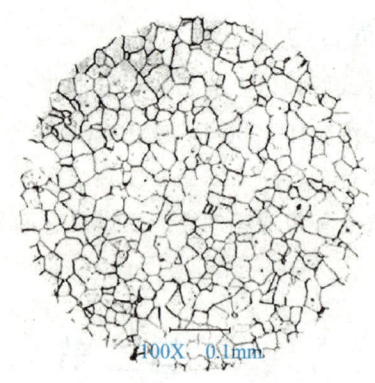

图 9-4 铁素体的显微组织

2. 奥氏体

碳溶解在 γ—Fe 中形成的间隙固溶体称为奥氏体，常用符号 A 来表示。图 9-5 所示为为奥氏体的晶胞示意图。由于 γ—Fe 是面心立方晶格，晶格的间隙较大，故奥氏体的溶碳能力较强。在 1148℃ 时溶碳量可达 2.11%，随着温度的下降，溶解度逐渐减小，在 727℃ 时溶碳量为 0.77%。

奥氏体的强度和硬度不高，但具有良好的塑性，是绝大多数钢在高温进行锻造和轧制时所要求的组织。图 9-6 所示为奥氏体的显微组织。

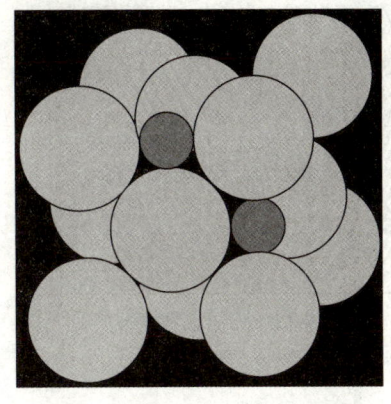
图 9-5　奥氏体的晶胞示意图

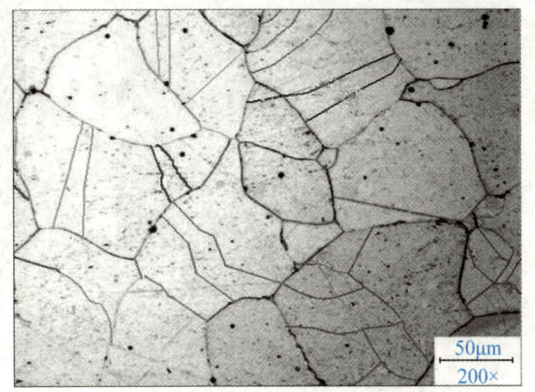
图 9-6　奥氏体的显微组织

3. 渗碳体

渗碳体是含碳量为 6.69% 的铁与碳的金属化合物，其化学式为 Fe_3C。渗碳体具有复杂的斜方晶体结构（见图 9-7），与铁和碳的晶体结构完全不同。渗碳体的熔点为 1227℃，硬度很高，塑性很差，伸长率和冲击韧度几乎为零，是一个硬而脆的组织。在钢中，渗碳体以不同形态和大小的晶体出现于组织中，对钢的力学性能影响很大。

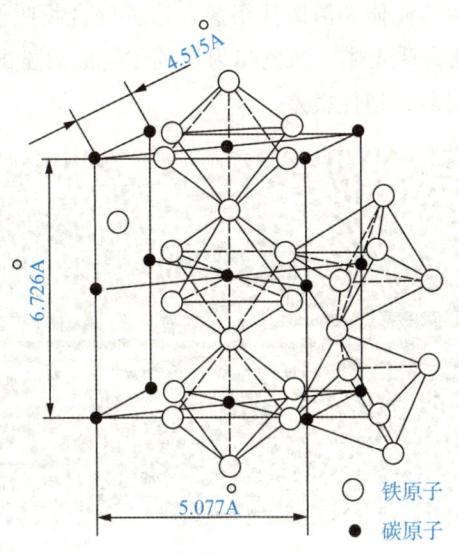
图 9-7　渗碳体的晶胞示意图

渗碳体在适当条件下（如高温长期停留或缓慢冷却）能分解为铁和石墨，这对铸铁具有重要意义。

4. 珠光体

珠光体是铁素体和渗碳体的混合物，用符号 P 表示。它是渗碳体和铁素体片层相间、交替排列形成的混合物。图 9-8 所示为珠光体的显微组织。

a）光学显微镜观察的组织

b）电子显微镜观察的组织

图 9-8　珠光体的显微组织

在缓慢冷却条件下，珠光体的含碳量为 0.77%。由于珠光体是由硬的渗碳体和软的铁素体组成的混合物，所以其力学性能取决于铁素体和渗碳体的性能，大体上是两者性能的平均值，故珠光体的强度较高，硬度适中，具有一定的塑性。

5. 莱氏体

莱氏体是含碳量为 4.3% 的液态铁碳合金，在 1148℃ 时从液相中同时结晶出的奥氏体和渗碳体的混合物，用符号 L_d 表示。由于奥氏体在 727℃ 时还将转变为珠光体，所以在室温下的莱氏体由珠光体和渗碳体组成，这种混合物叫低温莱氏体（见图 9-9），用符号 L'_d 表示。黑色相为珠光体，白色相为渗碳体构成的显微组织。莱氏体的力学性能和渗碳体相似，硬度很高，塑性很差。

图 9-9　低温莱氏体的显微组织

上述五种基本组织中，铁素体、奥氏体和渗碳体都是单相组织，称为铁碳合金的基本相；珠光体、莱氏体则是由基本相混合组成的多相组织。

二、铁碳合金相图的组成

铁碳合金相图是表示在缓解冷却（或缓慢加热）的条件下，不同成分的铁碳合金的状态或组织随温度变化的图形。

在铁碳合金中,铁和碳可以形成一系列的化合物,如 Fe_3C、Fe_2C、FeC 等,如图 9-10 所示。而工业用铁碳合金的含碳量一般不超过 5%,因为含碳量更高的铁碳合金,脆性很大,难以加工,没有实用价值。因此,我们研究的铁碳合金只限于 $Fe-Fe_3C$($C=6.69\%$)范围内,故铁碳合金相图也可以认为是 $Fe-Fe_3C$ 相图。

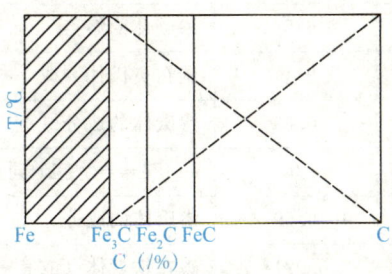

图 9-10 Fe—C 相图的组成

图 9-10 中纵坐标为温度,横坐标为含碳量的质量分数。为了便于掌握和分析 Fe—Fe_3C 相图,将相图上实用意义不大的左上角部分(液相向 δ—Fe 及 δ—Fe 向 γ—Fe 转变部分)以及左下角 GPQ 线左边部分予以省略。Fe—Fe_3C 相图如图 9-11 所示。

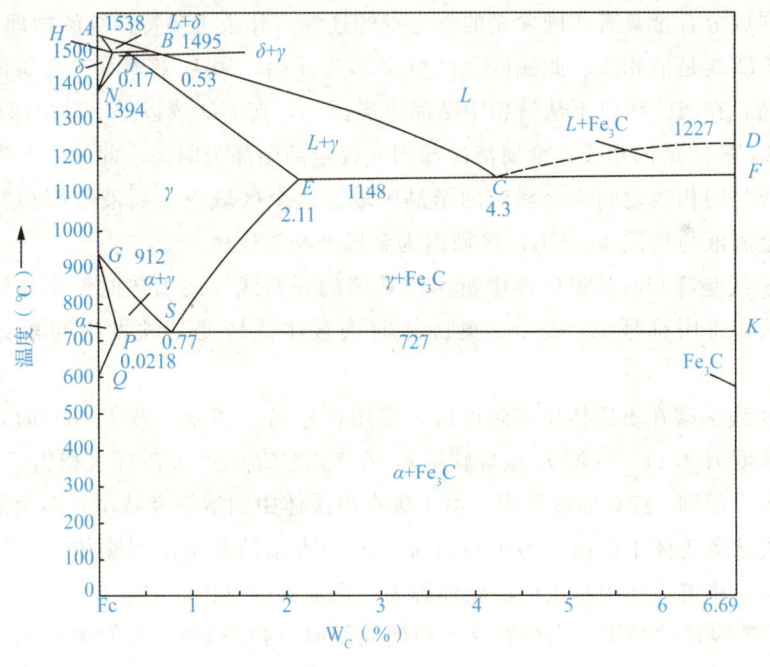

图 9-11 Fe—Fe_3C 相图

三、Fe—Fe_3C 相图中特性点的含义

Fe—Fe_3C 相图中特性点的含义如表 9-1 所示。

表 9-1　Fe－Fe$_3$C 相图中的特性点

特性点	温度/℃	C（%）	含 义
A	1538	0	纯铁的熔点
C	1148	4.3	共晶点
D	≈1227	6.69	渗碳体的熔点
E	1148	2.11	碳在奥氏体（或 γ—Fe）中的最大溶解度
F	1148	6.69	渗碳体的成分
G	912	0	α—Fe ⇌ γ—Fe 同素异构转变点
K	727	6.69	渗碳体的成分
P	727	0.0218	碳在铁素体（或 α—Fe）中最大溶解度
S	727	0.77	共析点
Q	600	≈0.0057	碳在铁素体（或 α—Fe）中的溶解度

（1）Fe—Fe$_3$C 相图中特性点的温度、含碳量及其物理含义如表 4-1 所示。

（2）Fe—Fe$_3$C 相图的特性线。在 Fe—Fe$_3$C 相图上，有若干合金状态的分界线，它们是不同成分合金具有相同含义的临界点的连线。几条主要特性线的物理含义如下：

1）ACD 线是液相线。此线以上区域全部为液相，用 L 来表示。金属液冷却到此线开始结晶，在 AC 线以下从液相中结晶出奥氏体，在 CD 线以下结晶出渗碳体。

2）AECF 线是固相线。金属液冷却到此线全部结晶为固态，此线以下为固态区。

液相线与固相线之间为金属液的结晶区域。这个区域内金属液与固相并存，AEC 区域内为金属液与奥氏体，CDF 区域内为金属液与渗碳体。

3）GS 线是冷却时从奥氏体中析出铁素体的开始线（或加热时铁素体转变成奥氏体的终止线）常用符号 A_3 表示。奥氏体向铁素体的转变是铁发生同素异构转变的结果。

4）ES 线是碳在奥氏体中溶解度线，常用符号 A_{cm} 表示。在 1148℃时，碳在奥氏体中的溶解度为 2.11%（即 E 点含碳量），在 727℃时降到 0.77%（相当于 S 点）。从 1148℃缓慢冷却到 727℃的过程中，由于碳在奥氏体中的溶解度减小，多余的碳将以渗碳体的形式从奥氏体中析出。为了与自金属液中直接结晶出的渗碳体（称为一次渗碳体）相区别，将奥氏体中析出的渗碳体称为二次渗碳体（Fe$_3$C$_2$）。

5）ECF 线是共晶线。当金属液冷却到此线时（1148℃），将发生共晶转变，从金属液中同时结晶出奥氏体和渗碳体的混合物，即莱氏体。

6）PSK 线是共析线，常用符号 A_1 表示。当合金冷却到此线时（727℃），将发生共析转变，从奥氏体中同时析出铁素体和渗碳体的混合物，即珠光体（一定成分的固溶体，在某一恒温下，同时析出两种固相的转变称为共析转变）。

Fe—Fe$_3$C 相图的特性线及其含义归纳如表 9-2 所示。

表 9-2 Fe—Fe₃C 相图中的特性线

特性线	含义
AC	铁碳合金的液相线，液态合金开始结晶出奥氏体
CD	铁碳合金的液相线，液碳合金开始结晶出渗碳体
AE	铁碳合金的固相线，即奥氏体的结晶终了线
ECF	铁碳合金的固相线，及 $L_c \rightarrow (A_E + Fe_3C)$ 共晶转变线
GS	奥氏体转变为铁素体的开始线
GP	奥氏体转变为铁素体的终了线
ES	碳在奥氏体（或 γ—Fe）中固溶线
PQ	碳在铁素体（或 α—Fe）中固溶线
PSK	$A_s \rightarrow (F_p + Fe_3C)$ 共析转变线

四、铁碳合金的分类

根据含碳量，组织转变的特点及室温组织，铁碳合金可分为以下几类：

(1) 钢。含碳量为 0.218%～2.11% 的铁碳合金称为钢。根据其含碳量及室温组织的不同，又可分为：

1) 亚共析钢（$0.0218\% < \omega_C < 0.77\%$）；
2) 共析钢（$\omega_C = 0.77\%$）；
3) 过共析钢（$0.77\% < \omega_C < 2.11\%$）。

(2) 白口铸铁。含碳量为 2.11%～6.69% 铁碳合金称为白口铸铁。根据其含碳量及室温组织的不同，可分为：

1) 亚共晶白口铸铁（$2.11\% \leqslant \omega_C < 4.3\%$）；
2) 共晶白口铸铁（$\omega_C = 4.3\%$）；
3) 过共晶白口铸铁（$4.3\% < \omega_C < 6.69\%$）。

五、典型铁碳合金的结晶过程

下面以典型铁碳合金（见图 9-12）为例，分析它们的结晶过程及组织转变。

1. 共析钢（含碳量为 0.77%）

图 9-12 中，合金 I 为含碳量 0.77% 的共析钢，当金属液冷却到和 AC 线相交的 1 点时，开始从液相（L）中结晶出奥氏体（A），到 2 点时金属液结晶终了，此时合金全部由奥氏体组成，在 2 点到 3 点间，组织不发生变化。当合金冷却到 3 点时，奥氏体发生转共析转变

$$A_{0.77\%} \rightleftharpoons (F + Fe_3C_2) \quad 727℃$$

从奥氏体中同时析出铁素体和渗碳体的混合物，即珠光体。温度再继续下降，组

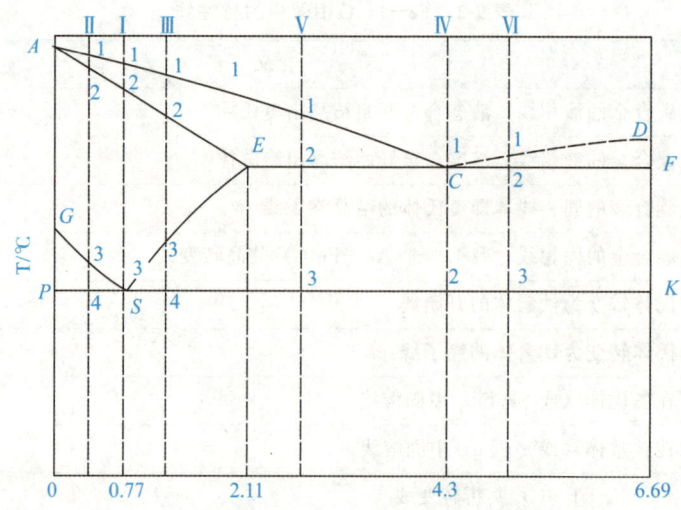

图 9-12 典型铁碳合金在 Fe—Fe_3C 相图中的位置

织不再发生变化。共析钢在室温时的组织是珠光体，如图 9-13 所示。

a) (500×) b) (800×)

图 9-13 共析钢在室温时的组织

杠杆定律就是确定两相区内两个组成相（平衡相）以及相的成分和相的相对量的重要法则。表达式与力学中的杠杆定律相似，杠杆的支点为合金的原始成分（合金线），杠杆两端表示该温度下两相的成分，杠杆的全长表示合金的质量，两项的质量与杠杆臂长成反比，故称为杠杆定律。

依 Fe—Fe_3C 相图，含碳量为 0.77% 的共析钢组织珠光体中铁素体与渗碳体两平衡相相对量用杠杆定律求出：

铁素体相对量　$F=SK/PK=(6.69-0.77)/(6.69-0.0218)=88.8\%$；

渗碳体相对量　$Fe_3C=PS/PK=(0.77-0.0218)/(6.69-0.0218)=11.2\%$。

2. 亚共析钢（含碳量为 0.0218%～0.77%）

图 9-12 中合金Ⅱ是含碳量为 0.45% 的亚共析钢，金属液冷却到 1 点时开始结晶出奥氏体，到 2 点结晶完毕，2 点到 3 点为单相奥氏体组织，当冷却到与 GS 线相交的 3 点时，从奥氏体中开始析出铁素体。由于 α—Fe 只能溶解很少量的碳，所以合金中大

部分碳留在奥氏体中而使其含碳量增加。随着温度下降，析出的铁素体量增多，剩余的奥氏体量减小，而奥氏体的含碳量沿 GS 线增加。当温度降至与 PSK 线相交的 4 点时，奥氏体的含碳量达到 0.77%，此时剩余奥氏体发生共析转变，转变成珠光体。4 点以下至室温，合金组织不再发生变化。亚共析钢的室温组织由珠光体和铁素体组成。含碳量不同时，珠光体和铁素体的相对量也不同，含碳量越多，钢中的珠光体数量越多。含碳量为 0.20%、0.40% 和 0.60% 的亚共析钢的显微组织如图 9-14 所示。

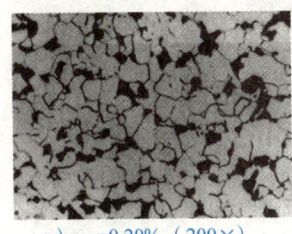
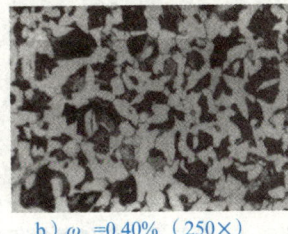
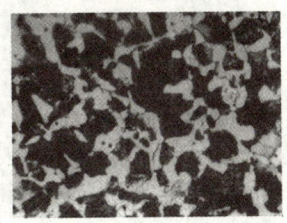

a）ω_C=0.20%（200×）　　b）ω_C=0.40%（250×）　　c）ω_C=0.60%（250×）

图 9-14　亚共析钢显微组织

3. 过共析钢（含碳量为 0.77%～2.11%）

图 9-12 中合金Ⅲ是含碳量为 1.2% 的过共析钢，金属液却冷却到 1 点时，开始结晶出奥氏体，到 2 点结晶完毕。2 点到 3 点间为单相奥氏体。当合金冷却到与 ES 线相交的 3 点时，奥氏体中的含碳量达到饱和，继续冷却，由于碳在奥氏体中的溶解度减小，过剩的碳以渗碳体的形式从奥氏体中析出，称为二次渗碳体。它沿奥氏体晶界呈网状分布。继续冷却，析出的二次渗碳体的数量增多，剩余奥氏体中的含碳量降低，随着温度下降，奥氏体中的含碳量沿 ES 线变化，当温度降至与 PSK 线相交的 4 点时，剩余奥氏体中的含碳量达到 0.77%，于是发生共析转变，奥氏体转变为珠光体。从 4 点以下至室温，合金组织不再发生变化。最后得到珠光体和网状二次渗碳体组织。所有过共析钢的结晶过程都和合金Ⅲ相似，它们的室温组织由于含碳量不同，组织中的二次渗碳体和珠光体的相对量也不同。钢中含碳量越多，二次渗碳体也就越多。含碳量为 1.2% 的过共析钢的显微组织如图 9-15 所示。

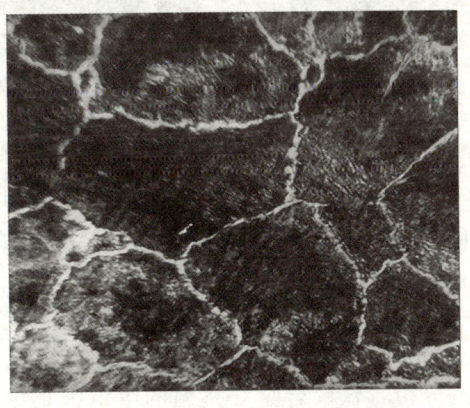

图 9-15　含碳量 1.2% 过共析钢显微组织

4. 共晶白口铸铁（含碳量为 4.3%）

图 9-16 中的合金Ⅳ为含碳量 4.3% 的共晶白口铸铁，当金属液冷却到 1 点时发生共晶转变，从金属液中同时结晶出奥氏体和渗碳体的混合物。

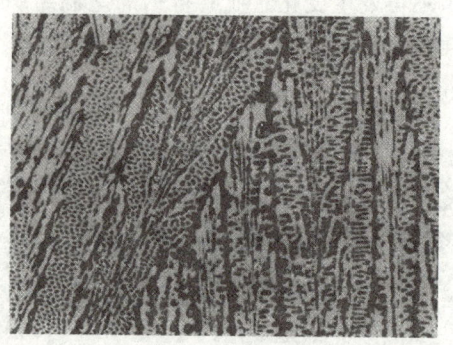

图 9-16　共晶白口铸铁显微组织

莱氏体的形态一般是粒状或条状的奥氏体均匀分布在渗碳体基体上。这种奥氏体称为共晶奥氏体，这种渗碳体称共晶渗碳体。当继续冷却至 1 点以下时，共晶奥氏体中将析出二次渗碳体，当温度降至 2 点（727℃）时，共晶奥氏体发生共析转变，得到珠光体组织，继续冷却，合金组织不再发生变化。所以，共晶白口铸铁的室温组织是由珠光体和渗碳体组成的混合物，即低温莱氏体组织。

亚共晶和过共晶白口铸铁的结晶过程，从共晶转变开始到室温，基本上和共晶白口铸铁相类似，所不同的是从液相线（AC，CD）到共晶转变线（ECF）之间，亚共晶白口铸铁先从金属液中结晶出奥氏体，过共晶白口铸铁先从金属液中结晶出一次渗碳体。亚共晶白口铸铁的室温组织为珠光体＋二次渗碳体＋低温莱氏体（图 9-17），过共晶白口铸铁的室温组织是一次渗碳体＋低温莱氏体（图 9-18）。

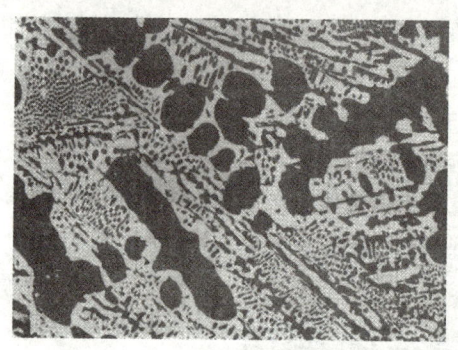

图 9-17　亚共晶白口铸铁的室温组织

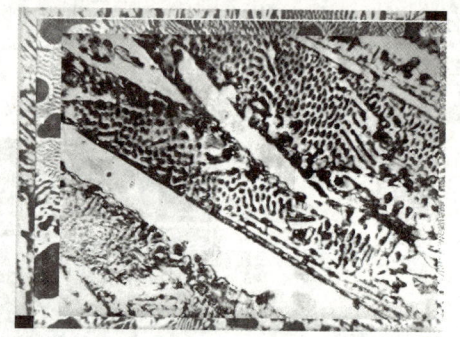

图 9-18　过共晶白口铸铁的显微组织

六、铁碳合金的成分、组织与性能的关系

根据铁碳合金相图的分析，铁碳合金在室温的组织都是由铁素体和渗碳体两相组

成。随着含碳量的增加,铁素体的量逐渐减少,而渗碳体的量则有所增加。随着含碳量的变化,不仅铁素体和渗碳体的相对量有变化,而且相互组合形态也发生变化。随着含碳量的增加,合金的组织将按下列顺序发生变化

$$F \rightarrow F+P \rightarrow P \rightarrow P+Fe_3C_{II} \rightarrow P+Fe_3C_{II}+L'_d \rightarrow L'_d \rightarrow L'_d+Fe_3C_I$$

铁碳合金组织的变化,必然引起性能的变化。含碳量越高,钢的强度和硬度越高,而塑性和韧性越低。这是由于含碳量越高,钢中的硬脆相 Fe_3C 越多的缘故,但当含碳量超过 0.9% 时,由于二次渗碳体呈明显网状,使钢的强度有所降低。

为了保证工业上使用的钢具有足够的强度,并具有一定塑性和韧性,钢中的含碳量一般不超过 1.4%。

七、$Fe-Fe_3C$ 相图的应用

$Fe-Fe_3C$ 相图在生产实践中具有重大的意义,主要应用在钢材料的选用和热加工工艺的制定两方面。

1. 作为选用钢材料的依据

铁碳合金相图所表明的成分、组织和性能的规律,为钢材料的选用提供了依据。如制造要求塑性、韧性好,而强度不太高的构件,则应选用含碳量较低的钢;要求强度、塑性和韧性等综合性能较好的构件,则选用含碳量适中的钢;各种工具要求硬度高及耐磨性好,则应选用含碳量较高的钢。

2. 制定铸、锻和热处理等热加工工艺的依据

(1) 在铸造生产上的应用。根据 $Fe-Fe_3C$ 相图的液相线可以找出不同成分的铁碳合金的熔点,从而确定合适的熔化、浇注温度。靠近共晶成分的铁碳合金不仅熔点低,而且凝固温度区间也较小,故具有良好的铸造性能。这类合金适宜于铸造,在铸造生产中获得广泛的应用。

(2) 在锻造工艺上的应用。钢经加热后获得奥氏体组织,它的强度低,塑性好,便于塑性变形加工。因此,钢材轧制或锻造的温度范围多选择在单一奥氏体组织范围内。其选择原则是开始轧制或锻造的温度不得过高,以免钢材氧化严重,甚至发生奥氏体晶界部分熔化,使工件报废。终止温度也不能过低,以免钢材塑性差,锻造过程中产生裂纹。

(3) 在热处理工艺上的应用磷。热处理与 $Fe-Fe_3C$ 相图有着更为直接的关系。根据对工件材料性能要求的不同,各种不同热处理方法的加热温度都是参考 $Fe-Fe_3C$ 相图选定的。

第十章

金属的塑性变形与再结晶

塑性是金属的重要特性,利用金属的塑性可把金属加工成各种制品。在工业生产中,经熔炼而得到的金属锭,如钢锭、铝合金锭或铜合金铸锭等,大多要经过轧制、冷拔、锻造、冲压等压力加工,使金属产生塑性变形而制成型材或工件。金属材料经压力加工后,不仅改变了外形尺寸,而且改变了内部组织和性能。

第一节 金属的塑性变形

学习目标

- 了解晶体位向对金属的塑性变形的影响;
- 熟练掌握晶界的作用;
- 了解晶粒大小对金属的塑性变形的影响。

基础知识

在一般情况下,实际金属都是多晶体,多晶体的变形是与其中各个晶粒的变形行为有关。常用金属材料都是多晶体。多晶体中各相邻晶粒的位向不同,并且各晶粒之间由晶界相连接,因此,多晶体的塑性变形主要具有以下特点。

一、晶粒位向的影响

由于多晶体中各个晶粒的位向不同,在外力的作用下,有的晶粒处于有利于滑移的位置,有的晶粒处于不利于滑移的位置。当处于有利于滑移位置的晶粒要进行滑移时,必然受到周围位向不同的其他晶粒的约束,使滑移的阻力增加,从而提高了塑性变形的抗力。同时,多晶体各晶粒在塑性变形时,受到周围位向不同的晶粒与晶界的影响，使多晶体的塑性变形呈逐步扩展和不均匀形式，其结果之一就是产生内应力。

二、晶界的作用

晶界对塑性变形有较大的阻碍作用。晶界处原子排列比较紊乱，阻碍位错的移动，因而阻碍了滑移。很显然，晶界越多，晶体的塑性变形抗力越大。

三、晶粒大小的影响

在一定体积的晶体内，晶粒的数目越多，晶界就越多，晶粒就越细，并且不同位向的晶粒也越多，因而塑性变形抗力也越大。细晶粒的多晶体不仅强度较高，而且塑性和韧性也较好。因为晶粒越细，在同样变形条件下，变形量可分散在更多的晶粒内进行，使各晶粒的变形比较均匀，而不致过分集中在少数晶粒上，使其变形严重。另一方面，晶粒越细，晶界就越多、越曲折，有利于阻止裂纹的传播，从而在其断裂前能承受较大的塑性变形，吸收较多的功，表现出较好的塑性和韧性。由于细晶粒金属具有较好的强度、塑性和韧性，故生产中总是尽可能地细化晶粒。

第二节 金属的热塑性变形

- 了解热加工与冷加工的区别；
- 掌握热加工对金属性能和组织的影响。

金属的冷塑性变形加工和热塑性变形加工是以再结晶温度来划分的。

一、热加工与冷加工的区别

在金属的再结晶温度以上进行的加工称为热加工，而在再结晶温度以下进行的加工称为冷加工。例如，钨的最低再结晶温度为1200℃，对钨来说，在低于1200℃的高温下加工仍属于冷加工，而锡的最低再结晶温度约为-7℃，在室温下进行的加工已属于热加工。

热加工时，由于金属原子的结合力减小，而且形变强化过程随时被再结晶过程所消除，从而使金属的强度、硬度降低，塑性增强，因而其塑性变形要比冷加工时容易得多。

二、热加工对金属性能和组织的影响

1. 消除铸态金属的组织缺陷

通过热加工，可使钢锭中的气孔大部分焊合，铸态的疏松被消除，提高了金属的致密度，使金属的力学性能得到提高。

2. 细化晶粒

热加工的金属经过塑性变形和再结晶作用，一般可使晶粒细化，因而可以提高金属的力学性能。热加工金属的晶粒大小与变形程度和终止加工的温度有关。变形程度小，终止加工的温度高，会使再结晶晶核少而晶核长大快，加工后得到粗大晶粒。但终止加工温度不能过低，否则将造成形变强化及残余应力。因此，制定正确的热加工工艺规范，对改善金属的性能有重要的意义。

3. 形成锻造流线

在热加工过程中，铸态组织中的夹杂物在高温下具有一定的塑性，它们会沿着变形方向伸长而形成锻造流线（又称纤维组织）。由于锻造流线的出现，使金属材料的性能在不同的方向上有明显的差异。通常沿流线的方向，其抗拉强度及韧性高，而抗剪性强度较低。在垂直于流线方向上，抗剪强度高，而抗拉强度较低。

采取正确的热加工工艺，可以使流线合理分布，保证金属材料的力学性能。图 10-4 给出了锻造曲轴和切削加工曲轴的流线分布。很明显，锻造曲轴流线分布合理，因而其力学性能较好。

生产中为了使流线沿工件外形轮廓连续分布，并适应工件工作时的受力情况，广泛采用模型锻造方法制造齿轮及中小型曲轴，如用局部镦粗法制造螺栓等。

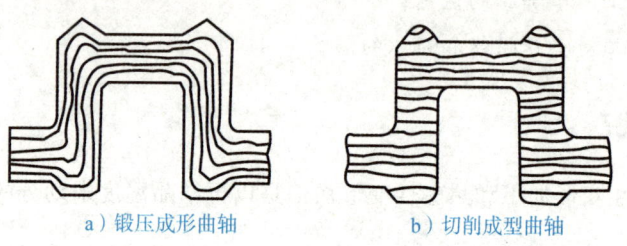

a）锻压成形曲轴　　　　b）切削成型曲轴

图 10-4　曲轴流线示意图

4. 形成带状组织

如果钢在铸态组织中存在比较严重的偏析，或热加工终锻（终轧）温度过低时，钢内会出现与热形变加工方向大致平行的条带所组成的偏析组织，这种组织称为带状组织。带状组织的存在是一种缺陷，它会引起金属力学性能的各向异性。带状组织一般可用热处理方法加以消除。

第三节 回复与再结晶

学习目标

- 掌握金属的再结晶的过程、温度及退火；
- 了解晶体晶粒的长大。

基础知识

经过冷塑性变形的金属，其组织结构发生变化，而且因金属各部分变形不均匀，会引起金属内部残留内应力，使金属处于不稳定状态，并使其具有恢复到原来稳定状态的自发趋势。在常温下，由于金属原子的活动能力较弱，这种恢复过程很难进行。如对冷塑性变形的金属进行加热，使原子活动能力增强，就会发生一系列组织与性能的变化，随着加热温度的升高，这种变化过程可分为回复、再结晶及晶粒长大三个阶段，如图 10-2 所示。

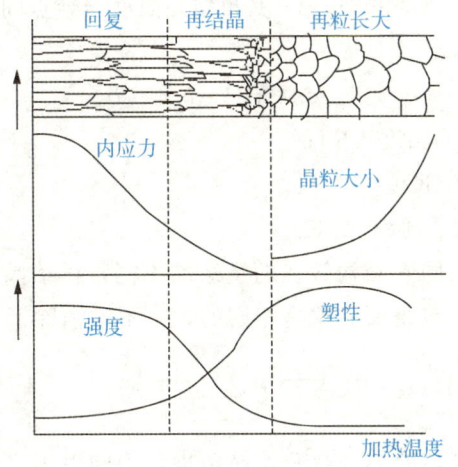

图 10-2 加热温度冷塑性变形金属组织和性能的影响

一、回复

当加热温度不太高时，原子活动能力有所增加，原子已能作短距离的运动，所以，晶格畸变程度大为减轻，从而使内应力有所降低，这个阶段称为回复。然而，这时的原子活动能力还不是很强，所以金属的显微组织无明显变化，因此力学性能也无明显改变。

在工业生产中，为保持金属经冷塑性变形后的高强度，往往采取回复处理，以降低内应力,适当提高塑性。例如冷拔钢丝弹簧加热到 250～300℃,青铜丝弹簧加热到 120～150℃,就是进行回复处理,使弹簧的弹性增强,同时消除加工时带来的内应力。

二、再结晶

当冷塑性变形金属加热到较高温度时,由于原子活动能力增加,原子可以离开原来的位置重新排列。由畸变晶粒通过形核及晶核长大而形成新的无畸变的等轴晶粒的过程称为再结晶。

1. 再结晶过程

再结晶过程首先是在晶粒碎化最严重的地方产生新晶粒的核心,然后晶核吞并晶粒而长大,直到旧晶粒完全被新晶粒代替为止。

再结晶后的晶粒内部晶格畸变消失,位错密度下降,因而金属的强度、硬度显著下降而塑性则显著上升,使变形金属的组织和性能基本上恢复到冷塑性变形前的状态。

2. 再结晶温度

金属的再结晶过程是在一定的温度范围内进行的。能进行再结晶的最低温度称为再结晶温度 ($T_{再}$)。

实践证明,再结晶温度与金属的变形程度有关,金属的变形程度越大,再结晶温度越低,对于工业纯金属 (>99.9%),其再结晶温度与熔点间的关系可按下列经验公式计算

$$T_{再} = (0.35 \sim 0.4) T_0$$

式中,$T_{再}$ 为金属的再结晶温度 (K);

T_0 为金属的熔点 (K)。

例如,工业纯铁的 $T_{再}$ 约为 723K。

再结晶与液体结晶及同素异构转变的重结晶不同,再结晶过程并未形成新相,新形成的晶粒在晶格类型上与原来晶粒是相同的,只不过消除了因塑性变形而造成的晶格缺陷。

3. 再结晶退火

在实际生产中,为了消除形变强化,必须进行中间退火。经冷塑性变形后的金属加热到再结晶温度以上,保持适当时间,使形变晶粒重新结晶为均匀的等轴晶粒,以消除形变强化和残余应力的退火,称为再结晶退火。为了保证质量和兼顾生产率,再结晶退火的温度一般比该金属的再结晶温度高 100～200℃。

三、晶粒长大

再结晶后的金属一般都得到细小而均匀的等轴晶粒。如果继续升高温度或延长保温时间,再结晶后的晶粒又以相互吞并的方式长大,如图 10-3 所示。这种使晶粒长大而导致晶粒粗大、力学性能变坏的情况应当注意避免。

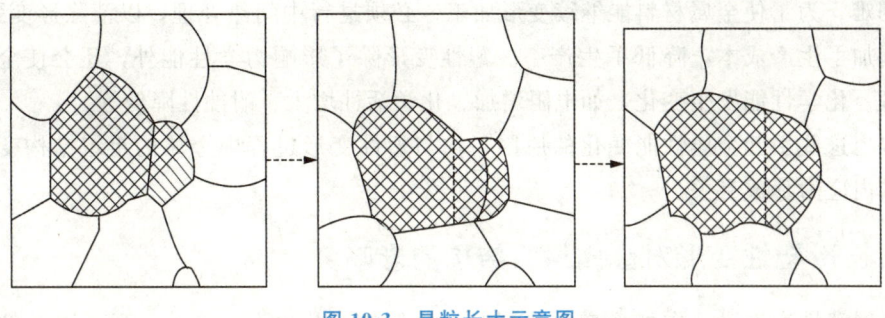

图 10-3　晶粒长大示意图

第四节　冷塑性变形对金属性能与组织的影响

- 了解冷塑性变形对金属性能和组织的影响；
- 了解冷塑性变形对金属组织结构的影响。

冷塑性变形不仅改变了金属的外形，而且使其内部性能与组织产生了一系列的变化。

一、冷塑性变形对金属性能的影响

金属材料经冷塑性变形后，强度和硬度显著提高，而塑性很快下降。变形度越大，性能的变化也越大。由于塑性的变形的变形度增加，使金属的强度、硬度提高，而塑性的下降的现象称为加工硬化。

加工硬化现象在工程技术中具有重要的实用意义。首先可利用加工硬化强化金属，提高合金强度、硬度和耐磨性。特别是对那些不能用热处理强化的材料，加工硬化更是唯一有效的强化方法。冶金行业产品的"硬或半硬"，等供应状态的某些金属材料，就是经过冷轧或冷拉等方法，使之产生加工硬化的产品。此外，加工硬化也是工件能够用塑性变形的方法成形的重要因素。

加工硬化也可以在一定程度上提高构件在使用过程中的安全性。因为构件在使用过程中，往往不可避免地在某些部位出现应力集中和过载荷现象。在这种情况下，由于金属能加工硬度，使局部过载部位在产生少量塑性变形后，提高了屈服强度并与所承受的应力达到平衡，变形就不会继续发展，从而在一定过程中提高了构件的安全性。

形变强化也有不利的一面。由于材料塑性的降低，给金属材料进一步冷塑性变形带来困难。为了使金属材料能继续变形加工，必须进行中间热处理，以消除形变强化，这就增加了生产成本，降低了生产率。塑性变形除了影响力学性能外，还会使金属某些物理、化学性能发生变化，如电阻增加、化学活性增大、耐蚀性降低等。

以上这些引起金属性能变化的原因，均与塑性变形过程中金属的组织结构变化及相应的内应力形成有关。

二、冷塑性变形对金属组织结构的影响

金属塑性变形时，在外形变化的同时，晶粒的形状也发生变化。通常是晶粒沿变形方向压扁或拉长，如图10-1所示。当变形程度很大时，晶粒形状变化也很大，晶粒被拉成细条状，金属中的夹杂物也被拉长，形成纤维组织，使金属的力学性能具有明显的方向性。

冷塑性变形除了使晶粒外形变化外，还会使晶粒内部的亚晶粒尺寸碎化，位错密度增加，晶格畸变加剧，因而增加了滑移阻力，这就是形变强化产生的原因。

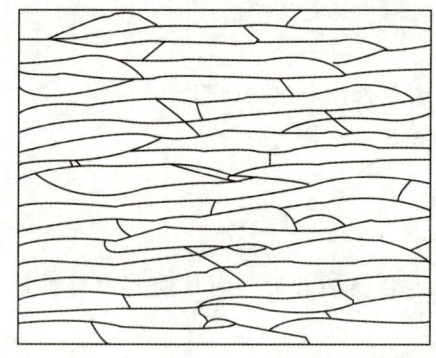

图10-1　晶粒沿变形方向压扁或拉长

附 录

附录一 各种硬度值换算表

黑色金属									
洛氏硬度				表面洛氏硬度			维氏	布氏	肖氏
HRA	HRB	HRC	HRD	15N	30N	45N	HV	HB	HS
60kgf	100kgf	150kgf	100kgf	15kgf	30kgf	45kgf	50kgf	3000kgf	JIS
85.6		68	76.9	93.2	84.4	75.4	940		97.6
85.3		67.5	76.5	93	84	74.3	920		96.4
85		67	76.1	92.9	83.6	74.2	900		95.2
84.7		66.5	75.7	92.7	83.1	73.6	880		94
84.4		65.9	75.3	92.5	82.7	73.1	860		92.8
84.1		65.3	74.8	92.3	82.2	72.2	840		91.5
83.8		64.7	74.3	92.1	81.7	71.8	820		90.2
83.4		64	73.8	91.8	81.1	71	800		88.9
83		63.3	73.3	91.5	80.4	70.2	780		87.5
82.6		62.5	72.6	91.2	79.7	69.4	760		86.2
82.2		61.8	72.1	91	79.1	68.6	740		84.8
81.8		61	71.5	90.7	78.4	67.7	720		83.3
81.3		60.1	70.8	90.3	77.6	66.7	700		81.8
81.1		59.7	70.5	90.1	77.2	66.2	690		81.1

(续表)

黑色金属								
洛氏硬度			表面洛氏硬度			维氏	布氏	肖氏
80.8		59.2	70.1	89.8	76.8	65.7	680		80.3
80.6		58.8	69.8	89.7	76.4	65.3	670		79.6
80.3		58.3	69.4	89.5	75.9	64.7	660		78.8
80		57.8	69	89.2	75.5	64.1	650		78
79.8		57.3	68.7	89	75.1	63.5	640		77.2
79.5		56.8	68.3	88.8	74.6	63	630		76.4
79.2		56.3	67.9	88.5	74.2	62.4	620		75.6
78.9		55.7	67.5	88.2	73.6	61.7	610		74.7
78.6		55.2	67	88	73.2	61.2	600		73.9
78.4		54.7	66.7	87.8	72.7	60.5	590		73.1
78		54.1	66.2	87.5	72.1	59.9	580		72.2
77.8		53.6	65.8	87.2	71.7	59.3	570		71.3
77.4		53	65.4	86.9	71.2	58.6	560		70.4
77		52.3	64.8	86.6	70.5	57.8	550	505	69.6
76.7		51.7	64.4	86.3	70	57	540	496	68.7
76.4		51.1	63.9	86	69.5	56.2	530	488	67.7
76.1		50.5	63.5	85.7	69	55.6	520	480	66.8
75.7		49.8	62.9	85.4	68.3	54.7	510	473	65.9
75.3		49.1	62.2	85	67.7	53.9	500	465	64.9
74.9		48.4	61.6	84.7	67.1	53.1	490	456	64
74.5		47.7	61.3	84.3	66.4	52.2	480	448	63
74.1		46.9	60.7	83.9	65.7	51.3	470	441	62
73.6		46.1	60.1	83.6	64.9	50.4	460	433	61
73.3		45.3	59.4	83.2	64.3	49.4	450	425	60
72.8		44.5	58.8	82.8	63.5	48.4	440	415	59
72.3		43.6	58.2	82.3	62.7	47.4	430	405	58
71.8		42.7	57.5	81.8	61.9	46.4	420	397	56.9
71.4		41.8	56.8	81.4	61.1	45.3	410	388	55.9
70.8		40.8	65	81	60.2	44.1	400	379	54.8
70.3		39.8	55.2	80.3	59.3	42.9	390	369	53.7

（续表）

黑色金属									
洛氏硬度				表面洛氏硬度			维氏	布氏	肖氏
69.8	110	38.8	54.4	79.8	58.4	41.7	380	360	52.6
69.2		37.7	53.6	79.2	57.4	40.4	370	350	51.5
68.7	109	36.6	52.8	78.6	56.4	39.1	360	341	50.4
68.1		35.5	51.9	78	55.4	37.8	350	331	49.3
67.6	108	34.4	51.1	77.4	54.4	36.5	340	322	48.1
67		33.3	50.2	76.8	53.6	35.2	330	313	47
66.4	107	32.2	49.4	76.2	52.3	33.9	320	303	45.8
65.8		31.6	48.4	75.8	51.8	32.8	310	294	44.6
65.2	105.5	29.8	47.5	74.9	50.2	31.1	300	284	43.4
64.8		29.2	47.1	74.6	49.7	30.4	295	280	42.8
64.5	104.5	28.5	46.5	74.2	49	29.5	290	275	42.2
64.2		27.8	46	73.8	48.4	28.7	285	270	416
63.8	103.5	27.1	45.3	73.4	47.8	27.9	280	265	40.9
63.5		26.4	44.9	73	47.2	27.1	275	261	40.3
63.1	102	25.6	44.3	72.6	46.4	26.2	270	256	39.7
62.7		24.8	43.7	72.1	45.7	25.2	265	252	39
62.4	101	24	43.1	71.6	45	24.3	260	247	38.4
62		23.1	42.2	71.1	44.2	23.2	255	243	37.8
61.6	99.5	22.2	41.7	70.6	43.4	22.2	250	238	37.2
61.2		21.3	41.1	70.1	42.5	21.1	245	233	36.5
60.7	98.1	20.3	40.3	69.6	41.7	19.9	240	228	35.9
	96.7	18					230	219	34.1
	95	15.7					220	209	33.2
	93.4	13.4					210	200	31.8
	91.5	11					200	190	30.4
	89.5	8.5					190	181	29
	87.1	6					180	171	27.7
	85	3					170	162	26.5
	81.7	0					160	152	25
	78.7						150	143	23.7

(续表)

黑色金属						
洛氏硬度			表面洛氏硬度	维氏	布氏	肖氏
78				140	133	22.1
	71.2			130	124	20.6
	66.7			120	114	19.1
	62.3			110	105	17.6
	56.2			100	95	16.1

附录二　常用国内外钢材牌号对照表

品名	中国 GB 牌号	美国 AST 牌号	日本 JIS 牌号	德国 DIN、DINEN 牌号	英国 BS、BSEN 牌号	法国 NF、NFEN 牌号	国际标准化组织 ISO 630
普通碳素结构钢	Q195	Cr.B	SS330	S185	040A10	S185	
			SPHC		S185		
			SPHD				
	Q215A	Cr.C	SS330		040A12		
		Cr.58	SPHC				
	Q235A	Cr.D	SS400		080A15		E235B
			SM400A				
	Q235B	Cr.D	SS400	S235JR	S235JR	S235JR	E235B
			SM400A	S235JRG1	S235JRG1	S235JRG1	
				S235JRG2	S235JRG2	S235JRG2	
	Q255A		SS400				
			SM400A				
	Q275		SS490				E275A

(续表)

品名	中国 GB 牌号	美国 AST 牌号	日本 JIS 牌号	德国 DIN、DINEN 牌号	英国 BS、BSEN 牌号	法国 NF、NFEN 牌号	国际标准化组织 ISO 630 牌号
优质碳素结构钢	08F	1008	SPHD	—	040A10	—	—
		1010	SPHE				
	10	1010	S10C	CK10	040A12	XC10	C101
			S12C				
	15	1015	S15C	CK15	08M15	XC12	C15E4
			S17C	Fe360B		Fe306B	
	20	1020	S20C	C22	IC22	C22	—
			S22C				
	25	1025	S25C	C25	IC25	C25	C25E4
			S28C				
	40	1040	S40C	C40	IC40	C40	C40E4
			S43C		080M40		
	45	1045	S45C	C45	IC45	C45	C45E4
			S48C		080A47		
	50	1050	S50C	C50	IC50	C50	C50E4
			S53C		080M50		
	15Mn	1019	—	—	080A15	—	—
碳素工具钢	T7（A）	—	SK7	C70W2	060A67	C70E2U	TC70
					060A72		
	T8（A）	T72301	SK5	C80W1	060A78	C80E2U	TC80
		W1A−8	SK6		060A81		
	T8Mn（A）	—	SK5	C85W	060A81	Y75	
	T10（A）	T72301	SK3	C105W1	1407	C105E2U	TC105
		W1A−91/2	SK4				
	T11（A）	T72301	SK3	C105W1	1407	C105E2U	TC105
		W1A−101/2					
	T12（A）	T72301	SK2	—	1407	C120E3U	TC120
		W1A−111/2					

（续表）

品名	中国 GB 牌号	美国 AST 牌号	日本 JIS 牌号	德国 DIN、DINEN 牌号	英国 BS、BSEN 牌号	法国 NF、NFEN 牌号	国际标准化组织 ISO 630
合金工具钢	Crl2	T30403 (UNS) (D3)	SKD1	X210Cr12	BD3	X210Cr12	210Cr12
	Crl2MolVl	T30402 (UNS) (D2)	SKD11	X155CrVMo121	BD2	—	160CrMoV12
	5CrNiMo	—	—	—	—	—	—
	5CrNiMo	T61206 (UNS) (L6)	SKT4	55NiCrMoV6	BH224/5	55nICrMoV7	—
	3Cr2W8V	T20821	SKD5	—	BH21	X30WCrV9	30WCrV9
高速工具钢	W18Cr4V	T12001 (UNS) (T1)	SKH2	—	BT1	HS18-0-1	HS18-0-1 (S7)
	W18Cr4VCo5	T12004 (UNS) (T4)	SKH3	S18-1-2-5	BT4	HS18-1-1-5	HS18-1-1-5 (S7)
	W6Mo5Cr4V2	T11302 (UNS) (M2)	SKH51	S6-5-2	BM2	HS6-5-2	HS6-5-2 (S40)
不锈钢	1Cr18Ni9Ti	S32100 (UNS) -321	SUS321	X6CrNiTi 18-10	X6CrNiTi 18-10	X6CrNiTi 18-10	X6CrNiTi1810 11
	2Cr13	S42000 (UNS) -420	SUS420J1	X20Cr13	420S37 X20Cr13	X20Cr13	4
	40Mn	1043	SWRH42B	C40	080M40 1C40	C40	SL SM
	45Mn	1046	SWRH47B	C45	080M47 2C45	C45	SL SM
	65Mn	1065	—	—	—	—	SL SM TypeSC TypDC

(续表)

品名	中国 GB 牌号	美国 AST 牌号	日本 JIS 牌号	德国 DIN、DINEN 牌号	英国 BS、BSEN 牌号	法国 NF、NFEN 牌号	国际标准化组织 ISO 630 牌号
易切削结构钢	Y12	1211	SUM12	10S20	S10M15	13MF4	10S20
		G12110 (UNS)	SUM21				
	Y12Pb	12L13	SUM22L	10SPb20	—	—	10SPb20
							11SMnPb28
	Y20	1117	SUM32	C22	C22	C22	—
		G11170 (UNS)			210M15		
	Y40Mn	1144	SUM43	—	226M44	45MF6.3	44Mn28
		G11440 (UNS)					
	Y45Ca	1145	—	C45	C45	C45	—
	Y1Cr18Ni9	—	SUS303	X8CrNi S18-9	303S31 303S21	—	17
低合金结构钢	Q420C	Gr. B	SEV295	S420NL	S420NL	S420NL	HS420D
		Type7	SEV345	S420ML	S420ML	S420ML	E420DD
	Q460D	Gr. 65	SM570	S460NL	S460NL	S460NL	E460DD
			SMA570W	S460ML	S460ML	S460ML	F460E
			SMA570P				
合金结构钢	20Mn2	1524	SMn420	P355GH	0355GH	P0355GH	22Mn6
	15Cr	5115	SCr415	17Cr3	527A17	—	—
	20Cr	5120	SCr420	20Cr4	20Cr4	—	20Cr4
	30Cr	5130	SCr430	34Cr4	34Cr4	34Cr4	34Cr4
	40Cr	5140	SCr440	41Cr4	41Cr4	41Cr4	41Cr4
	45Cr	5145	SCr445	41Cr4	41Cr4	41Cr4	41Cr4
	30CrMo	4130	SCM430	25CrMo4	25CrMo4	25CrMo4	25CrMo4
	35CrMo	4317	SCM435	34CrMo4	34CrMo4	34CrMo4	34CrMo4
	42CrMo	4140	SCM440	42CrMo4	42CrMo4	42CrMo4	42CrMo4
	38CrMoAl	—	SCM645	41CrAlMo7	905M39	—	41CrAlMo7
	50CrVA	6150	SCP10	51CrV4	51CrV4	51CrV4	51CrV4
	40CrMnMo	4140	SCM440	42CrMo4	42CrMo4	42CrMo4	42CrMo4
		4142			708Mn40		

(续表)

品名	中国 GB 牌号	美国 AST 牌号	日本 JIS 牌号	德国 DIN、DINEN 牌号	英国 BS、BSEN 牌号	法国 NF、NFEN 牌号	国际标准化组织 ISO 630 牌号
弹簧钢	85	1084	SUP3	CK85	—	FMR86	TypeDC
弹簧钢	55Si2Mn	9260	SUP6	55Si7	251H60	56SC7	56SiCr7
弹簧钢	55Si2Mn	H92600	SUP7	55Si7	251H60	56SC7	56SiCr7
弹簧钢	60Si2Mn	H92600	SUP6	60SiCr7	25H60	61SiCr7	61SiCr7
弹簧钢	60Si2Mn	H92600	SUP7	60SiCr7	25H60	61SiCr7	61SiCr7
弹簧钢	55CrMA	H51550	SUP9	55Cr3	525A58	55Cr3	55Cr3
弹簧钢	55CrMA	G51550	SUP9	55Cr3	527A60	55Cr3	55Cr3
弹簧钢	60Si2CrVA	—					
弹簧钢	50CrVA	H51500	SUP10	50CrV4	735A51	50CrV4	51CrV4
弹簧钢	50CrVA	G61500	SUP10	50CrV4	735A51	50CrV4	51CrV4
轴承钢	GCr9	51100	SUJ1	—	—	—	—
轴承钢	GCr15	52100	SUJ2	100Gr6	—	100Gr6	1
轴承钢	9Cr18Mo	440C	SUS440C	—	—	Z100CD17	21
电工钢	35W250	36F320M	35A250	M250－35A	M250－35A	M250－35A	—
电工钢	27QG110	27P146M	27P110	M103－27P	M103－27P	M103－27P	—

附录三 热处理行业规范条件

一、总则

为规范热处理生产经营秩序和投资行为，在保证产品质量和安全生产的基础上，改进企业组织方式，合理配置资源，加快淘汰落后产能和抑制低水平重复建设，推进节能减排清洁生产，引导热处理行业向精密、优质、清洁，集约化、专业化、规模化、现代化方向发展，根据国家有关法律法规和产业政策，制定热处理行业规范条件。

二、建设条件和企业布局

（1）投资新建或改扩建的热处理加工、热处理设备制造和热处理工艺材料生产企业（厂、点）要符合国家产业政策和产业规划，符合地区工业发展规划、产业发展导向和区域功能。新建或改扩建的热处理加工企业生产能力应具有不少于1000万元/年产值的生产能力。

（2）热处理的生产场所禁止设立在自然保护区、重点生态功能区、风景名胜区、饮用水水源保护区等重点保护区域以及居民区、商业区、旅游区、蔬菜、粮食等农作物种植区。

所有热处理专业化加工厂点的设立要坚决淘汰落后产能，要以加快"发展先进工艺，限制陈旧工艺，淘汰落后工艺"为导向。推动企业转型升级，确保安全生产，强化节能减排，促进开发低碳技术项目，发展高技术附加值的热处理企业。

三、工艺装备及工艺材料

（1）热处理加工企业或厂点应采用先进技术装备，加热设备的有效加热、保温及炉温均匀性应满足工艺要求，少无氧化的热处理加热设备比例达50%或以上。不得使用国家明令禁止和淘汰的热处理工艺和设备（参见《产业结构调整指导目录》、《工业和信息化部高耗能落后机电设备（产品）淘汰目录》、《部分工业行业淘汰落后生产工艺装备和产品指导目录》）。新（扩）建热处理加工项目不得采用《产业结构调整指导目录》中限制类工艺和装备，现有生产线不得采用《产业结构调整指导目录》中淘汰类工艺和装备。

（2）热处理加热设备应符合相应的电炉能耗分级标准，炉体表面温升、空炉升温时间和空炉损耗功率比应符合GB/T15318《热处理电炉节能监测》要求。电阻炉加热效率不得低于70%，燃料炉综合热效率不得低于60%。

（3）热处理的加热设备应使用陶瓷纤维等性能优良的绝热、保温材料，禁止使用石棉类材料，保证设备和工艺的能耗符合国家、行业的相关标准要求。

（4）热处理设备应采用智能仪表精密控温技术及固态继电器装置，采用工业PC或PLC的计算机控制技术以及智能化柔性控制技术等先进控制系统，其比例应达到控制系统的80%或以上。

（5）热处理炉采用双偶控温系统，每个有效加热区至少有两支热电偶，一支接记录仪表，另一支接控温仪表，其中一个仪表应有报警功能。现场使用的控温和记录仪表精度等级应符合JB/T10175《热处理质量控制要求》标准规定。

（6）具有保证产品质量的检测设备、检测仪器及手段，必须配备金相分析和硬度检测手段，必要时按照专业技术需要配置相应的材料成分分析、力学性能及物理性能测试手段，并按照检定规程和检定周期进行检定，合格并在有效期内使用。

（7）重视设备的更新改造，具有设备更新改造的近期计划和中长期规划。役龄在10年以上的热处理设备须进行更新改造，大修时必须采用节能材料和精密控温仪表。

（8）热处理工艺材料的化学成分、物理性能和化学性能、热处理工艺性能应符合相关的国家标准、行业标准或专用技术文件，生产厂家应进行质量检验并提供合格证。重要工艺材料在使用前应进行复检。各种槽浴应定期分析和检验，保证满足使用要求。

四、能源消耗和资源综合利用

(1) 加强能源管理,建立能源管理体系,通过能源管理体系认证、能效管理认证,建立节能计量、统计管理制度,严格执行 GB/T23331《能源管理体系要求》、GB/Z18719《热处理节能技术导则》、GB/T17358《热处理生产电耗定额及其计算和测定方法》、GB/T19944《热处理生产燃料消耗定额及其计算和测定方法》等能耗管理标准。热处理厂点应设专职或兼职能源管理员,受企业总经理直接领导负责能源管理工作,按管理规定定期检查、分析企业能源利用情况,并提出报告。

(2) 热处理能耗指标达到≤3300kWh/万元产值或≤600kWh/吨工件。

(3) 生产用水应采用循环用水,热处理水耗≤0.3m3/吨工件。

五、环境保护

(1) 热处理企业必须遵守环境保护有关法律、法规和政策,依法获得排污许可证,并按照排污许可证的要求排放污染物,设置健全的环境管理机构,制定有效的环境管理制度,建设项目环境影响评价文件未经审批不得开工建设,未通过竣工环境保护验收不得投入运行。

(2) 严格贯彻执行 GB/T 24001《环境管理体系》、GB9078《工业炉窑大气污染物排放》、GB15735《金属热处理生产过程安全卫生要求》、GB/T27946《热处理车间空气中有害物质的限值》、GB/T27945.1《热处理盐浴炉有害固体废物污染的管理 第1部分:一般管理》、GB/T27945.3《热处理盐浴有害固体废物的管理 第3部分:无害化处理方法》、GB/T30822《热处理环境保护技术要求》等国家和行业有关环境保护和清洁生产标准,定期开展清洁生产审核并通过评估验收。

(3) 热处理加工企业应提供所在地区排水和环保部门、卫生监督或具有相应资质的第三方检测机构测定的水排放合格报告、生产厂房内空气中尘毒物质浓度合格报告和生产场所噪声强度与电磁辐射强度合格报告。应按照环境影响评估报告书(表)及其批复、国家或地方污染物排放标准、环境监测技术规范的要求,制定自行监测方案,按照要求开展监测工作和并公开监测信息,鼓励热处理加工企业通过环境管理体系。

(4) 热处理厂应配套建立废气、废水、噪声和固体有害废弃物处理设施,制定环境应急预案。各项处理装置应稳定、有效运行,确保废水、废气和噪声达到标准,按规范建设固体废物暂存场,危险废物应按照 GB18597《危险废物贮存污染控制标准》的要求贮存,委托处置的应交由具有危险废物经营资质和能力的单位进行无害化处置。

六、产品质量

(1) 具有保证产品质量的相应的工艺文件(工艺规程、工艺守则、工艺卡片、作业指导书等)和质量检验规程及过程质量控制文件,质量管理达到 JB/T10175《热处理质量控制要求》的规定内容。

(2) 热处理产品废品率不大于 0.5％。

(3) 新建设的热处理厂点（一年内）应提供由地方质监部门认可的资质单位（独立的第三方）检测的热处理质量测试报告，测试项次不得少于 20 项，并有项次合格率（％）结论。

七、企业管理

(1) 建立健全科学的企业管理制度和质量管理体系，在投入生产经营的三年内应取得 GB/T19001《质量管理体系》认证，特种行业的热处理厂点还须取得该行业（专业）的质量管理体系认证，如 GB/T18305《质量管理体系　汽车生产件及相关服务件组织应用 GB/T19001 的特别要求》等认证。

(2) 企业的质量、生产、技术、财务、安全、经营、设备等各项制度完善并认真执行。

(3) 热处理厂点有健全的员工培训教育和考核制度，热处理操作人员应通过职业资格培训考核，持证上岗。

(4) 企业信誉良好，诚信经营，有用户满意度评价制度，近两年来无重大质量事故。

(5) 企业具有各类专业技术人员和检测人员，并建立技术培训制度和持证上岗制度。质量检查员、热工仪表员、金相检验员、化学分析员和力学物理试验员必须通过专业培训，持证上岗。至少一名热处理工程师（或技师）负责生产技术。企业应组织有关人员学习掌握和严格执行国家、行业和企业质量标准。

八、安全、卫生和社会责任

(1) 结合企业实际情况，制定并采取措施严格执行保障安全生产、职业健康和减少污染的制度。企业的生产厂房结构、作业环境、工艺作业和装备必须符合《中华人民共和国职业病防治法》和 GB15735《金属热处理生产过程安全卫生要求》等国家工业企业建设安全生产和环境保护的法令和标准。

(2) 热处理作业场所配备必须的通风除尘排烟气设施，配备必要的废气、废水治理装置和治理效果的监测设施，制订与实施有害危险物的防护技术与措施并能达到 GB12801《生产过程安全卫生要求总则》第 6.1 条的基本要求。

(3) 建立安全生产责任制和消防安全责任制，按 GB2894《安全标志及其使用导则》规定在危险场所设立警示牌，配备足够数量的消防设备与器材，通过所在地区消防安全验收。

(4) 热处理厂点使用的生产设备、装置的安全卫生要求必须符合 GB5959《电气设备的安全》有关规定。

(5) 热处理使用的化学危险品和有毒物质要建立储存仓库（或专用储存处），有保管和入库领用登记制度。热处理盐浴炉的用盐应符合 JB/T9202《热处理用盐》规定的质量和技术要求。使用盐浴炉的热处理厂点对热处理用盐,特别是氯化钡盐的储存必须符合 GB15603《常用危险品储存通则》、《危险化学品安全管理条例》(国务院令第 344 号)的规定,设有专用仓库,建立入库登记制度,工作场所采用专用有盖铁箱储存、双人双锁保管、专人负责发放使用。

(6) 从事热处理生产的各类人员应经安全卫生知识的培训教育,熟悉热处理生产过程中可能存在和产生隐患危险的有害因素,了解导致事故的条件,并能根据其危害性质和途径采取相应的防范措施,并按 GB/T11651《个体防护装备选用规范》及有关规定正确穿戴与使用劳动保护用品。

(7) 企业应严格执行《中华人民共和国劳动合同法》,保障员工的合法权益。

九、监督与管理

(1) 从事热处理加工的企业依据本规范条件自愿申请规范公告,各省、自治区、直辖市、计划单列市、新疆生产建设兵团工业主管部门负责本地区规范条件公告申请的初步审查工作,经工业和信息化部审核,对符合规范条件的企业予以公示,并以公告的形式向社会发布。

(2) 地方各级工业主管部门每年对本地区已获公告企业进行监督检查,工业和信息化部对公告企业进行抽查,鼓励社会各界对企业进行监督。

(3) 热处理行业规范条件公告管理办法由工业和信息化部另行制定。

十、附则

(1) 本规范条件适用于中华人民共和国境内(台湾、香港、澳门地区除外)热处理加工的热处理专业厂(含热处理专业厂、企业内部的在线热处理分厂、车间、工段和小组)、从事热处理设备制造销售的企业、从事热处理工艺材料和辅助材料生产销售的单位。

(2) 本规范条件自 2015 年 9 月 1 日起实施。

(3) 本规范条件所涉及和引用的国家标准、行业政策、法规若进行修订,应按修订生效后的最新版本执行。

(4) 本规范条件将根据我国热处理行业的发展情况以及国家相关政策、法规的变化情况适时修订。

(5) 本规范条件由工业和信息化部负责解释。

参考文献

[1] 齐宝森. 典型零件热处理技术. 北京：化学工业出版社，2010.06.

[2] 编写组. 金属材料与热处理（第六版）. 北京：中国劳动社会保障出版社，2011.06.

[3] 孙玉福. 新编有色金属材料手册. 北京：机械工业出版社，2010.07.

[4] 曾正明. 实用金属材料选用手册. 北京：机械工业出版社，2012.03.

[5] 陈晓红. 金属热处理工. 北京：中国劳动社会保障出版社，2011.05.

[6] 王忠诚. 热处理工实用手册. 北京：机械工业出版社，2013.01.

[7] 温秉权. 金属材料手册（第二版）. 北京：电子工业出版社，2013.04.

[8] 张玉庭. 简明热处理手册. 北京：机械工业出版社，2013.06.

[9] 王传斌. 机械工程材料与热处理. 合肥：中国科学技术大学出版社，2014.11.

[10] 张秀芳，许晖. 机械工程材料及热处理. 北京：电子工业出版社，2014.11

[11] 王贵斗. 金属材料与热处理（第2版）. 北京：机械工业出版社，2015.07.